CONTENTS

アーカイブス シリーズ
ウィークエンド
[1700頁収録CD-ROM付]

- ■ 付属CD-ROMの使い方 ……………………………………… 2
- ■ CD-ROM収録記事一覧 ……………………………………… 3
- ■ 基礎知識 …………………………………………………… 執筆：下間憲行
  - 第1章　オリジナル作品を作り出すためのヒント
    電子工作の楽しみ方 ……………………………………… 12
  - 第2章　Arduino UNOを使ったACアダプタ負荷試験回路の製作
    電子工作で重宝するACアダプタの特徴を知る ………… 20
- ■ 記事ダイジェスト ………………………………………… 執筆：下間憲行
  - 第3章　部品の知識と製作のノウハウ
    電子工作の基礎 ………………………………………… 34
  - 第4章　難易度の低い製作を通して電子工作の楽しさを味わおう
    シンプル回路の製作 …………………………………… 40
  - 第5章　ロボット製作の入門・応用とケースの加工テクニック
    メカ工作 ………………………………………………… 48
  - 第6章　実験用電源装置の製作から自然エネルギーの活用まで
    電源 ……………………………………………………… 54
  - 第7章　ヘッドホン・アンプから大出力アンプまで
    オーディオ ……………………………………………… 62
  - 第8章　画像表示装置や照明装置など光の応用事例
    LCD/LED表示 …………………………………………… 69
  - 第9章　My計測器や計測に使う補助回路を作る
    計測ツール ……………………………………………… 74
  - 第10章　インターフェースICからネットワークを利用するアプリケーションまで
    通信 ……………………………………………………… 88

付属CD-ROMの使い方

本書には，記事PDFを収録したCD-ROMを付属しています．

●ご利用方法

本CD-ROMは，自動起動しません．WindowsのExplorerでCD-ROMドライブを開いてください．

CD-ROMに収録されているindex.htmファイルを，Webブラウザで表示してください．記事一覧のメニュー画面が表示されます．

記事タイトルをクリックすると，記事が表示されます．Webブラウザ内で記事が表示された場合，メニューに戻るときにはWebブラウザの戻るボタンをクリックしてください．

各記事のPDFファイルは，denshi_pdfフォルダに収録されています．所望のPDFファイルをPDF閲覧ソフトウェアで直接開くこともできます．

本CD-ROMに収録されているPDFの全文検索ができます．検索するには，CD-ROM内のdenshi_search.pdxをダブルクリックします．Adobe Readerが起動し，検索ウインドウが開くので，検索したい用語を入力します．結果の一覧から表示したい記事を選択します．

●利用に当たってのご注意

（1）CD-ROMに収録のPDFファイルを利用するためには，PDF閲覧用のソフトウェアが必要です．PDF閲覧用のソフトウェアは，Adobe社のAdobe Reader最新版のご利用を推奨します．Adobe Readerの最新版は，Adobe社のWebサイトからダウンロードできます．
Adobe社のWebサイト　http://www.adobe.com/jp/

（2）ご利用のパソコンやWebブラウザの環境（バージョンや設定など）によっては，メニュー画面の表示が崩れたり，期待通りに動作しない可能性があります．その際は，PDFファイルをPDF閲覧ソフトウェアで直接開いてください．各記事のPDFファイルは，CD-ROMのFPGA_pdf1フォルダに収録されています．なお，メニュー画面は，Windows 7のInternet Explorer 11，Firefox 30，Chrome 35，Opera 22による動作を確認しています．

（3）メニュー画面の中には，一部Webサイトへのリンクが含まれています．Webサイトをアクセスする際には，インターネット接続環境が必要になります．インターネット接続環境がなくても記事PDFファイルの表示は可能です．

（4）記事PDFの内容は，雑誌掲載時のままで，本書の発行に合わせた修正は行っていません．このため記事の中には最新動向とは異なる説明が含まれる場合があります．また，社名や連絡先が変わっている場合があります．

（5）著作権者の許可が得られないなどの理由で，記事の一部を削除していることがあります．この場合，一部のページのみ用紙サイズが異なっていたり，ページの一部または全体が白紙で表示されたりすることがあります．

●PDFファイルの表示・印刷に関するご注意

（1）ご利用のシステムにインストールされているフォントの種類によって，文字の表示イメージは雑誌掲載時と異なります．また，一部の文字（人名用漢字，中国文字など）は正しく表示されない場合があります．

（2）雑誌では回路図などの図面に特殊なフォントを使用していますので，一部の文字（例えば欧文のIなど）のサイズがほかとそろわない場合があります．

（3）雑誌ではプログラム・リストやCAD出力の回路図などの一部をスキャナによる画像取り込みで掲載している場合があります．また，印刷とPDFでは，解像度が異なります．このため，画像等の表示・印刷は細部が見にくくなる部分があります．

（4）PDF化に際して，発行時点で確認された誤植や印刷ミスを修正してあります．そのため，行数の増減などにより，印刷紙面と本文・図表などの位置が変更されている部分があります．

（5）Webブラウザなど，ほかのアプリケーションの中で表示するような場合，Adobe Reader以外のPDF閲覧ソフトウェア（表示機能）が動作している場合があります．Adobe Reader以外のPDF閲覧ソフトウェアでは正しく表示されないことが考えられます．Webブラウザ内で正しく表示されない場合は，Adobe Readerで直接表示してみてください．

（6）古いバージョンのPDF閲覧ソフトウェアでは正しく表示されないことが考えられます．Windows 7のAdobe Reader 11による表示を確認しています．

●本書付属CD-ROMについてのご注意

本書付属のCD-ROMに収録されたプログラムやデータなどは，著作権法により保護されています．従って，特別な表記のない限り，付属CD-ROMを貸与または改変，個人で使用する場合を除き，複写・複製（コピー）はできません．また，付属CD-ROMに収録したプログラムやデータなどを利用することにより発生した損害などに関して，CQ出版社および著作権者は責任を負いかねますのでご了承ください．

CD-ROM収録記事一覧

　本書付属CD-ROMには，トランジスタ技術2001年1月号から2010年12月号までに掲載された，電子工作のアイデアの素となる回路や電子工作に役立つ情報が含まれている記事のPDFファイルが収録されています．ただし，著作権者の許可を得られなかった記事や，既刊本に収録済みまたは今後の企画で収録予定の記事などは収録されていません（記事の一部を削除している場合もある）．
　本書付属CD-ROMに収録されているPDFの記事タイトルは以下の通りです．収録記事の大部分については，第3章以降で，テーマごとに分類して概要を紹介しています．

■トランジスタ技術

掲載号	タイトル	シリーズ	ページ	PDFファイル名
2001年 1月号	電子回路＋メカニズム＋αの楽しさを体験できる **オリジナル・ロボットを製作しよう**	連載 作りながら学ぶロボット工作入門（第1回）	6	2001_01_187.pdf
	10BASE-Tを赤外線で飛ばす！ **10Mbps赤外線LANの製作**	特集 21世紀はネットでI/O！（第7章）	7	2001_01_272.pdf
2月号	壁づたいに転がっていくシンプルなロボット **転がりバナナの製作**	連載 作りながら学ぶロボット工作入門（第2回）	6	2001_02_179.pdf
	スペアナの観測画面をパソコンで取り込もう！ **超シンプルなGP-IB/シリアル変換アダプタの製作**		9	2001_02_321.pdf
3月号	モータを周期的に駆動し，長時間揺れ続ける **電動やじろべえ「電兵衛」の製作**	連載 作りながら学ぶロボット工作入門（第3回）	6	2001_03_183.pdf
	低電源電圧＆低消費電力システムに最適！ **高性能OPアンプ**	特集 アナログ機能IC徹底攻略（第1章）	19	2001_03_198.pdf
	省スペース＆大出力のスイッチング交流増幅器 **最新オーディオ用D級アンプ**	特集 アナログ機能IC徹底攻略（第2章）	15	2001_03_217.pdf
4月号	ペタペタと前進＆旋回するコミカルな **リモコン・ロボット「ハマグリ君」の製作**	連載 作りながら学ぶロボット工作入門（第4回）	6	2001_04_195.pdf
5月号	走行しながら幾何学模様を自動的に描く **図形を描く「ロボDraw」の製作**	連載 作りながら学ぶロボット工作入門（第5回）	6	2001_05_155.pdf
	タイム・テーブルに従ってON/OFF制御できる **パソコンによる自動ビデオ信号切り替え器の製作**		10	2001_05_303.pdf
6月号	ラジコン・サーボを組み合わせて作る **リモコン縫いぐるみ「サイボーグMiffy」の製作**	連載 作りながら学ぶロボット工作入門（第6回）	6	2001_06_163.pdf
	センサを1ワイヤ・バスで接続＆Javaプログラミング **気象観測ボードの製作とネットワーク対応システムの構築**		10	2001_06_261.pdf
	50/60Hz自動判別機能付き **3相交流用ハンディ位相計の製作**		3	2001_06_310.pdf
7月号	ポールの間をすり抜けて走りつづける **「スラローム走行ロボット」の製作**	連載 作りながら学ぶロボット工作入門（第7回）	6	2001_07_171.pdf
	1個のUSBポートと4個のシリアル・ポートをインターフェース **USB-シリアルI/F LSI MU232SC1**		8	2001_07_302.pdf
8月号	明るさの境目を検出して追従する **「白黒境界ウォッチャ」の製作**	連載 作りながら学ぶロボット工作入門（第8回）	6	2001_08_155.pdf
	出力電圧を0Vから制御できる可変電源の製作実験	連載 実験で学ぶパワー・スイッチング回路（第10回）	7	2001_08_290.pdf
	電源回路の入出力電力を測定し効率をパソコンに表示する **DCパワー・メータの製作**		6	2001_08_306.pdf
9月号	磁石の振り子が回転・倒立を繰り返す **「大車輪ロボット」の製作**	連載 作りながら学ぶロボット工作入門（第9回）	6	2001_09_139.pdf
	出力電圧を0Vから制御できる可変電源の製作実験（その2）	連載 実験で学ぶパワー・スイッチング回路（第11回）	5	2001_09_244.pdf
10月号	上下左右の光の強さを検出して光源の方向を向く **「ひまわりロボット」の製作**	連載 作りながら学ぶロボット工作入門（第10回）	6	2001_10_147.pdf
11月号	カップ麺の容器で作った浮上体が離陸/着陸を繰り返す **「フライング・カップ・ヌードル」の製作**	連載 作りながら学ぶロボット工作入門（第11回）	6	2001_11_163.pdf
12月号	動く物体を検出して警報LEDを点滅する **「ウォッチ・ドッグ・ロボット」の製作**	連載 作りながら学ぶロボット工作入門（第12回）	6	2001_12_131.pdf

掲載号	タイトル	シリーズ	ページ	PDFファイル名
12月号	ISAバスをイメージしたローカル・バスをPCIバスに接続できる！ **ZEN7201AFによるシンプルなパラレルI/Oボード**	特集 実践！PCIボードの設計 ＆製作（第1章）	18	2001_12_144.pdf
	マスタ・モードの高速転送にも対応するPCIインターフェースIC **PCI9080評価ボードによるパラレルI/Oボード**	特集 実践！PCIボードの設計 ＆製作（第2章）	11	2001_12_162.pdf
	ストリームI/Oにも汎用I/Oにも使えるPCIインターフェースIC **LS6201B評価ボードによるストリームA-Dコンバータ**	特集 実践！PCIボードの設計 ＆製作（第3章）	13	2001_12_173.pdf
2002年 1月号	簡単な回路で高周波電圧を測る **高周波プローブの製作**	連載 作りながら学ぶ初めての 高周波回路（第1回）	6	2002_01_135.pdf
	高周波誘導加熱装置の製作	連載 実験で学ぶパワー・スイ ッチング回路（第15回）	8	2002_01_251.pdf
2月号	世界最古の電子楽器を作ってみよう！ **「簡易テルミン」の製作**	連載 作りながら学ぶ初めての 高周波回路（第2回）	6	2002_02_131.pdf
3月号	携帯電話の電波を検知して動く！鳴く！ **「携帯ニャん」の製作**	連載 作りながら学ぶ初めての 高周波回路（第3回）	6	2002_03_131.pdf
	DSPスタータ・キットTMS320C5xで作る **電子消音システムの製作**		16	2002_03_223.pdf
	Visor用キーボードをザウルスMI-E1に接続する！ **四つ折り携帯キーボード用 ザウルス接続アダプタfor E1の製作**		11	2002_03_285.pdf
4月号	小型メータの振れで金属の種類もわかるPLL方式 **金属探知機の製作**	連載 作りながら学ぶ初めての 高周波回路（第4回）	6	2002_04_131.pdf
	フレッシャーズに贈る電子工学のスタータ・ガイド **エレクトロニクスの基礎の基礎**		10	2002_04_231.pdf
	ヘッドホン・アンプを設計・製作する	連載 わかる!!アナログ回路教 室（第4回）	11	2002_04_241.pdf
	安価なカラーCMOSイメージ・センサとシンプルにインターフェース **PHS用小型カメラ"Treva"をパソコンに接続する方法**		5	2002_04_291.pdf
	光センサと使い捨てカメラのフラッシュを利用した **生活異常アラームの製作**		3	2002_04_296.pdf
5月号	共振回路の共振周波数測定などに使える！ **ゲート・ディップ・メータの製作**	連載 作りながら学ぶ初めての 高周波回路（第5回）	6	2002_05_107.pdf
	電源トランスに補助巻き線を追加して光らせる **AC動作のLEDパイロット・ランプ**		1	2002_05_242.pdf
	ニカド電池やニッケル水素電池のメモリ効果や不活性状態を除去する **コンパクトな急速放電器の製作**		6	2002_05_243.pdf
	専用工具を使わずにQFPなどの部品を取り外す **表面実装部品取り外しキットSMD-21**		2	2002_05_272.pdf
6月号	AM/FM放送やテレビ放送の音声を受信できる **超再生検波ラジオの製作**	連載 作りながら学ぶ初めての 高周波回路（第6回）	6	2002_06_115.pdf
	フリーのCコンパイラAVR-GCCと安価なデジカメによる **ラジコン空撮アダプタの製作**	特集 マイコン応用アイデア製 作集（第2章）	6	2002_06_137.pdf
	AVRマイコンを使って製作した！リコー・デジカメ対応 **デジカメ用インターバル撮影用リモコン**	特集 マイコン応用アイデア製 作集（第6章）	8	2002_06_180.pdf
	リモコン信号をWAVEファイルで記録・再生する！ **サウンド学習型赤外線リモコンの実験**		3	2002_06_266.pdf
7月号	**2石FMワイヤレス・マイクの製作**	連載 作りながら学ぶ初めての 高周波回路（第7回）	6	2002_07_125.pdf
8月号	ビデオ・デッキやテレビ・ゲームの画像を電波で飛ばす **テレビ・トランスミッタの製作**	連載 作りながら学ぶ初めての 高周波回路（第8回）	6	2002_08_131.pdf
	Webページやメールで入力した文字を表示する **ネットワーク電光掲示板の製作**	特集 Webベースのハードウェ ア制御（第6章）	10	2002_08_208.pdf
9月号	簡単な回路でAMラジオに音声を飛ばす！ **AMワイヤレス・マイクの製作**	連載 作りながら学ぶ初めての 高周波回路（第9回）	6	2002_09_107.pdf
10月号	ロジックICだけの簡単な発振器を使った **自転車ファインダの製作**	連載 作りながら学ぶ初めての 高周波回路（第10回）	6	2002_10_119.pdf
	スイッチング方式を使った小型で高効率の **真空管アンプ用スイッチング電源の製作**		4	2002_10_263.pdf
11月号	QwikRadioチップ・セットMICRF102/011による **無線データ通信の実験（前編）**	連載 作りながら学ぶ初めての 高周波回路（第11回）	6	2002_11_111.pdf
	AT90SやATmega, ATtinyデバイスに対応した **新型AVRライタの製作**	特集 新アイディア・ツール製 作集（第3章）	5	2002_11_139.pdf
	EasyCOMMやEasyGPIBの開発に役立った小粋なツール **お手軽GP-IBバス・モニタ＆EIA-574ケーブル・ モニタの製作**	特集 新アイディア・ツール製 作集（第7章）	6	2002_11_181.pdf
	ペン型ロジック・テスタ, AC電力コントローラ, PIC開発アタッシュ・ケース **工作便利ツールの製作**	特集 新アイディア・ツール製 作集（第8章）	6	2002_11_187.pdf

掲載号	タイトル	シリーズ	ページ	PDFファイル名
11月号	フリーウェアと市販の感光基板を使ってプリント基板を作ろう！ **プリント基板CAD"PCBE"の使い方とプリント基板の作り方**	特集 新アイディア・ツール製作集（第9章）	8	2002_11_196.pdf
12月号	QwikRadioチップ・セットMICRF102/011による **無線データ通信の実験（後編）**	連載 作りながら学ぶ初めての高周波回路（第12回）	6	2002_12_117.pdf
2003年 1月号	抵抗1本でリニアライズし電圧から温度を直読できる！ **サーミスタ室温計の製作**	連載 作りながら学ぶ初めてのセンサ回路（第1回）	6	2003_01_115.pdf
	ビデオ・スイッチャからPLLまで **ビデオ・デバイス実用回路集**	特集 役立つ実用電子回路130（第5章）	9	2003_01_196.pdf
	マイク・アンプからディジタル・パワー・アンプまで **オーディオ・デバイス実用回路集**	特集 役立つ実用電子回路130（第6章）	7	2003_01_205.pdf
2月号	プリント基板と紙用の糊でセンサを手作り！ **静電容量型電子湿度計の製作**	連載 作りながら学ぶ初めてのセンサ回路（第2回）	6	2003_02_107.pdf
	より良い記録・再生のために動作状態をリアルタイムでモニタする！ **CD-Rドライブ用エラー表示＆ジッタ検出回路の製作**		8	2003_02_235.pdf
3月号	PETボトルとACコードでセンサを手作り！ **静電容量型水位センサによる電子雨量計の製作**	連載 作りながら学ぶ初めてのセンサ回路（第3回）	6	2003_03_119.pdf
	USBコントローラUSBN9603を使用したへんてこマウス!? **USB重力マウスの試作**	特集 最新シリアル・バスの仕組み（第4章）	6	2003_03_155.pdf
	EAGLEの概要と回路図の描き方	連載 PCBレイアウト・エディタ"EAGLE"の使い方（第1回）	8	2003_03_247.pdf
	ディジタル・サーモスタットとタイマ回路で確実に作れる！ **温泉たまご調理器の製作**		5	2003_03_270.pdf
	0.001μ～1.100Aのパルス電流を精度0.1％で測定できる **高速レンジ切り替え可能なクーロン・メータの製作**		10	2003_03_275.pdf
4月号	2種類のフォト・ダイオードを使った光量計を作る！ **照度計/紫外線計の製作**	連載 作りながら学ぶ初めてのセンサ回路（第4回）	6	2003_04_115.pdf
	部品ライブラリの作成と回路図の完成	連載 PCBレイアウト・エディタ"EAGLE"の使い方（第2回）	9	2003_04_245.pdf
5月号	風によって奪われた熱を電圧に変換する！ **ダイオードによる熱式風速計の製作**	連載 作りながら学ぶ初めてのセンサ回路（第5回）	6	2003_05_095.pdf
	ボード・エディタの使い方と自動配線	連載 PCBレイアウト・エディタ"EAGLE"の使い方（第3回）	10	2003_05_223.pdf
	距離に依存せず，非接触で温度を短時間に測定できる！ **サーモパイル・センサによる非接触温度計の設計と製作**		10	2003_05_233.pdf
6月号	磁力の大きさや物体の動きを非接触で測れる！ **ホール素子を使ったガウス・メータの製作**	連載 作りながら学ぶ初めてのセンサ回路（第6回）	6	2003_06_107.pdf
	CAMデータの作成法とULP	連載 PCBレイアウト・エディタ"EAGLE"の使い方（第4回）	8	2003_06_238.pdf
7月号	半導体式ガス・センサでにおいの強度を測る！ **においレベル測定器の製作**	連載 作りながら学ぶ初めてのセンサ回路（第7回）	6	2003_07_107.pdf
8月号	フォト・リフレクタと暗箱で空気中の粒子量を測る！ **ほこり測定器の製作**	連載 作りながら学ぶ初めてのセンサ回路（第8回）	6	2003_08_115.pdf
	簡単に作れてひずみ0.006％，効率80％の高性能が得られる **汎用ロジックICで作る1W出力のディジタル・アンプ**	特集 ディジタル・アンプ誕生！（第7章）	8	2003_08_191.pdf
	電源電圧を変えるだけで数十～数百W出力が可能になる **IC1個とMOSFET4個で作る簡単パワー・アンプ**	特集 ディジタル・アンプ誕生！（第8章）	6	2003_08_199.pdf
	専用のゲート・ドライブIC IR2010を使って作る **100W出力の本格ディジタル・パワー・アンプ**	特集 ディジタル・アンプ誕生！（第9章）	6	2003_08_205.pdf
9月号	荷重による材料のひずみを抵抗値の変化で測る！ **ひずみゲージを使った電子はかりの製作**	連載 作りながら学ぶ初めてのセンサ回路（第9回）	6	2003_09_107.pdf
	低周波～マイクロ波トランジスタなどの静特性を自動測定 **個別半導体の特性パラメータ測定器の製作〈前編〉** **電源回路部の製作**		11	2003_09_263.pdf
10月号	高度計や天気予報に応用できる！ **電子気圧計の製作**	連載 作りながら学ぶ初めてのセンサ回路（第10回）	6	2003_10_099.pdf
	低周波～マイクロ波トランジスタなどの静特性を自動測定 **個別半導体の特性パラメータ測定器の製作〈後編〉** **制御回路とソフトウェアの制作**		11	2003_10_257.pdf
11月号	たたくと瞬間的に電圧を発生する圧電素子で作る！ **衝撃測定器の製作**	連載 作りながら学ぶ初めてのセンサ回路（第11回）	6	2003_11_105.pdf
	照合のための画像処理と各種指紋センサの概要 **指紋認証のしくみと高精度指紋鍵の製作**		14	2003_11_249.pdf
12月号	熱エネルギ変化を捕らえる焦電型赤外線センサを使った **人体検知器の製作**	連載 作りながら学ぶ初めてのセンサ回路（第12回）	6	2003_12_109.pdf

掲載号	タイトル	シリーズ	ページ	PDFファイル名
2004年 5月号	20MHzまでの正弦波をスイープ出力する **周波数スイープ・ジェネレータの製作**		6	2004_05_237.pdf
6月号	**CY8C27443を使ったギター・エフェクタの試作**	連載 PSoCマイコンで行こう！（第3回）	7	2004_06_252.pdf
7月号	**CY8C27443を使ったギター・エフェクタのプログラミング**	連載 PSoCマイコンで行こう！（第4回）	9	2004_07_260.pdf
2005年 1月号	シリアル・インターフェースの通信状態を監視する **FT2232Cを使ったUSB-シリアル・ライン・モニタの製作**	特集 すぐに使えるUSBデバイス＆応用（第7章）	6	2005_01_166.pdf
2月号	**多機能周波数カウンタの製作**	連載 R8C/Tinyマイコン入門（第4回）	10	2005_02_227.pdf
3月号	**定電圧定電流電源の製作**	連載 R8C/Tinyマイコン入門（第5回）	8	2005_03_247.pdf
	27シリーズのメモリを増強しピン互換で使える新PSoC登場 **最大遅延0.1sのディジタル・エコーの製作**		6	2005_03_261.pdf
5月号	充電状態や種類の異なる2本を確実に満充電にできる **DS2711を使ったNiMH/NiCd急速充電器の製作**		6	2005_05_215.pdf
	コモン・モード・チョーク・ミノムシ	連載 My tools!（第1回）	1	2005_05_260.pdf
6月号	アナログ信号をパソコンに取り込み記録する **R8C/Tinyマイコンで作るデータ・レコーダ**		7	2005_06_253.pdf
7月号	**リモコンON/OFFタイマの製作**	連載 R8C/15付録マイコン基板活用企画（第1回）	10	2005_07_256.pdf
8月号	電圧/電流/積算容量/温度をUSBで転送する **パソコンを使った充放電モニタの製作**		8	2005_08_199.pdf
	そよ風からエネルギーを取り出そう！ **小型風力発電機の製作**	連載 自然エネルギーの活用にチャレンジ（第1回）	7	2005_08_207.pdf
	RCサーボ・モータを使ったアナログ温度計の製作	連載 R8C/15付録マイコン基板活用企画（第2回）	8	2005_08_232.pdf
	部品を乗せる土台「蛇の目基板」	連載 できる！表面実装時代の電子工作術（第1回）	3	2005_08_257.pdf
	多目的ミノムシ・クリップ	連載 My tools!（第4回）	1	2005_08_268.pdf
9月号	太陽電池からの直流を交流100Vに変える **出力100Wのソーラ・インバータの製作**	特集 太陽電池応用製作への誘い（第6章）	12	2005_09_175.pdf
	発電機からのエネルギーをフル活用する **充電コントローラの製作**	連載 自然エネルギーの活用にチャレンジ（第2回）	6	2005_09_199.pdf
	PFC＋ハーフ・ブリッジ出力回路のオーソドックスな構成 **蛍光灯インバータの設計と製作（前編）**		7	2005_09_226.pdf
	市販キットを利用して手軽にできる **R8C/11を使ったEIA-232ライン・モニタの製作**		6	2005_09_233.pdf
	携帯電話を使った監視カメラの製作	連載 R8C/15付録マイコン基板活用企画（第3回）	8	2005_09_239.pdf
	はんだ付け用の道具類	連載 できる！表面実装時代の電子工作術（第2回）	3	2005_09_265.pdf
10月号	より大きな電力を取り出すためのTRY **ステッピング・モータを使った風力発電機の製作**	連載 自然エネルギーの活用にチャレンジ（第3回）	6	2005_10_203.pdf
	市販のGPIBアダプタ不要！ **Excelで制御する簡単GPIBアダプタの製作**		5	2005_10_209.pdf
	PFC＋ハーフ・ブリッジ出力回路のオーソドックスな構成 **蛍光灯インバータの設計と製作（後編）**		8	2005_10_235.pdf
	正弦波DDSの製作（前編）	連載 R8C/15付録マイコン基板活用企画（第4回）	8	2005_10_249.pdf
	積和演算器を使ったディジタル信号処理アプリケーション **電子オルゴールの実験と製作**	連載 PSoCマイコン活用講座（第5回）	8	2005_10_267.pdf
	はんだ付けの作法	連載 できる！表面実装時代の電子工作術（第3回）	3	2005_10_281.pdf
	2相パルス発生器	連載 My tools!（第6回）	1	2005_10_292.pdf
11月号	少ない電力でいかに明るく光らせるかが鍵 **風力で光るLED電飾看板の製作**	連載 自然エネルギーの活用にチャレンジ（第4回）	4	2005_11_199.pdf
	正弦波DDSの製作（後編）	連載 R8C/15付録マイコン基板活用企画（第5回）	7	2005_11_233.pdf
	無償のCコンパイラで開発できる8/16ピンDIPマイコン **HC908Qの概要とCodeWarrior対応プログラマの製作**		7	2005_11_262.pdf

掲載号	タイトル	シリーズ	ページ	PDFファイル名
11月号	実装済み部品の外しかた	連載 できる！表面実装時代の電子工作術（第4回）	3	2005_11_273.pdf
12月号	川底において数Wの発電にTRY！ ハブ・ダイナモを使った小型水力発電機の製作	連載 自然エネルギーの活用にチャレンジ（第5回）	6	2005_12_201.pdf
	DDS ICを使った低周波発振器の製作	連載 R8C/15付録マイコン基板活用企画（第6回）	10	2005_12_239.pdf
	発振回路の周波数変動を検出して容量変化を知る 静電容量方式タッチ・センサの製作	連載 PSoCマイコン活用講座（第7回）	8	2005_12_249.pdf
	チップ部品や狭ピッチ多ピンICのはんだ付け	連載 できる！表面実装時代の電子工作術（第5回）	3	2005_12_265.pdf
2006年 1月号	実験用ミニ電源を作ろう	特集 アナログ回路設計にTRY！（第2章 Appendix A）	2	2006_01_140.pdf
	キャンプや屋外軽作業にも使える 小型水力発電機と組み合わせる汎用電源装置の製作	連載 自然エネルギーの活用にチャレンジ（第6回）	6	2006_01_185.pdf
	−90°〜＋90°のディジタル傾斜計を作る 3軸加速度センサMMA7260Q	連載 ホット・デバイス・レポート	4	2006_01_191.pdf
	スライディング・モードによる回転角度制御の実験	連載 R8C/15付録マイコン基板活用企画（第7回）	10	2006_01_248.pdf
	変調のしくみからスイッチングによる振幅変調の実験まで AM送信機の製作（前編）	連載 PSoCマイコン活用講座（第8回）	7	2006_01_262.pdf
	ピッチ変換に最適！シール基板	連載 できる！表面実装時代の電子工作術（第6回）	3	2006_01_269.pdf
2月号	交流電源から直接駆動できるLED照明の製作	特集 基礎からのLED活用テクニック（Appendix）	6	2006_02_167.pdf
	テール・ランプ，懐中電灯，UVライトをLED化する LED応用製作事例集	特集 基礎からのLED活用テクニック（第6章）	10	2006_02_173.pdf
	水回りの照明や水位警報器に使える ペルトン水車で水道から電気を作る	連載 自然エネルギーの活用にチャレンジ（第7回）	6	2006_02_189.pdf
	X/Y方向の地磁気の強さを検出するセンサ 電子コンパス用IC HM55B	連載 ホット・デバイス・レポート	5	2006_02_204.pdf
	キセノンHIDとアルゴンHIDの共用を図った 35W HIDランプ用バラストの設計と製作		13	2006_02_220.pdf
	変調のしくみからスイッチングによる振幅変調の実験まで AM送信機の製作（後編）	連載 PSoCマイコン活用講座（第9回）	8	2006_02_233.pdf
	無線でコントロールできる加速度計の製作	連載 R8C/15付録マイコン基板活用企画（第8回）	11	2006_02_248.pdf
	温度/圧力測定と125kHzワイヤレス通信の実験 アンプ＆検波回路内蔵のワンチップ・マイコン μPD789863/4試用レポート		10	2006_02_259.pdf
	手作り回路における線材の使いこなし	連載 できる！表面実装時代の電子工作術（第7回）	3	2006_02_269.pdf
	低抵抗値測定用アダプタ	連載 My tools!（第10回）	1	2006_02_276.pdf
3月号	R8CマイコンとRTL8019ASを搭載しUDP経由で温度データを送り出す イーサネット計測基板の製作	特集 マイコンによるイーサネット活用入門（第5章）	12	2006_03_174.pdf
	突然の雨降りを知らせる 太陽電池を使った降雨警報器の製作	連載 自然エネルギーの活用にチャレンジ（第8回）	5	2006_03_222.pdf
	スーパーヘテロダイン方式のしくみから実装方法まで AM受信機の製作	連載 PSoCマイコン活用講座（第10回）	9	2006_03_252.pdf
	小型グラフィック液晶表示器で作る簡易温度計	連載 R8C/15付録マイコン基板活用企画（第9回）	8	2006_03_262.pdf
	USB-UART変換ICを使った MSP430マイコン用簡易書き込みアダプタの製作		3	2006_03_270.pdf
	部品や線材をつかんだり切断する工具	連載 できる！表面実装時代の電子工作術（第8回）	3	2006_03_273.pdf
	高周波測定に欠かせない3端子アダプタ	連載 My tools!（第11回）	1	2006_03_280.pdf
4月号	蛍光灯とパワーLEDの併用で消費電力を削減する 大型ソーラ・パネルを使った終夜灯の製作（前編）	連載 自然エネルギーの活用にチャレンジ（第9回）	6	2006_04_224.pdf
	MMCカード用リード/ライト・インターフェースの製作	連載 R8C/15付録マイコン基板活用企画（第10回）	9	2006_04_262.pdf
	竹串の利用法と小さな部品をつかむ工具	連載 できる！表面実装時代の電子工作術（第9回）	3	2006_04_282.pdf
5月号	シグマ・デルタ型16ビットA-Dコンバータを内蔵する 低消費電力マイコンMSP430F2013とその評価ツール	連載 クローズアップ！ワンチップ・マイコン（第1回）	8	2006_05_213.pdf

掲載号	タイトル	シリーズ	ページ	PDFファイル名
5月号	蛍光灯とパワーLEDの併用で消費電力を削減する **大型ソーラ・パネルを使った終夜灯の製作(後編)**	連載 自然エネルギーの活用にチャレンジ(第10回)	6	2006_05_239.pdf
	2006年1月号付録の実験用プリント基板で作る **携帯着信ディテクタの製作**		3	2006_05_271.pdf
	手と目をサポートする治具	連載 できる!表面実装時代の電子工作術(第10回)	3	2006_05_282.pdf
6月号	DSPやASICとUSBを26MHzで高速インターフェース **USB-SPI変換IC MAX3420E**	連載 ホット・デバイス・レポート	5	2006_06_183.pdf
	オーディオ・アンプの製作	連載 はじめての電子回路工作(第1回)	6	2006_06_188.pdf
	バッテリレスで芝生に埋め込むこともできる **ソーラ・ゴルフ・トレーナの製作**	連載 自然エネルギーの活用にチャレンジ(第11回)	7	2006_06_230.pdf
	アクリル・ケースの製作術①	連載 できる!表面実装時代の電子工作術(第11回)	3	2006_06_268.pdf
7月号	**テスタの交流電圧の測定範囲が広がるアダプタ**	特集 実験で学ぶトランジスタ回路設計(Appendix)	3	2006_07_147.pdf
	数Ωの負荷も力強く駆動する **スピーカを鳴らせる11石のパワー・アンプ**	特集 実験で学ぶトランジスタ回路設計(第6章)	11	2006_07_174.pdf
	ひずみ系エフェクタの製作	連載 はじめての電子回路工作(第2回)	7	2006_07_188.pdf
	犬の吠え声で不審者を威嚇する **太陽電池と電気2重層キャパシタを使った電子番犬の製作**	連載 自然エネルギーの活用にチャレンジ(第12回)	6	2006_07_243.pdf
	アクリル・ケースの製作術②	連載 できる!表面実装時代の電子工作術(第12回)	3	2006_07_274.pdf
8月号	**位相シフト・エフェクタの製作**	連載 はじめての電子回路工作(第3回)	7	2006_08_216.pdf
	炭火でコーヒーを温めながらラジオが聞ける **ゼーベック効果を利用した温度差発電機の製作**	連載 自然エネルギーの活用にチャレンジ(第13回)	6	2006_08_248.pdf
	7月号付録実験用プリント基板を使って作る **低ひずみ15Wパワー・アンプの設計と製作(製作編)**		5	2006_08_258.pdf
	アクリル・ケースの製作術③	連載 できる!表面実装時代の電子工作術(第13回)	3	2006_08_274.pdf
9月号	**出力周波数をマイコンで制御する**	高純度クロック発生器の製作 後編	7	2006_09_200.pdf
	自動レベル調整アンプの製作	連載 はじめての電子回路工作(第4回)	8	2006_09_219.pdf
	次世代エネルギー源を電子機器につないでみよう **燃料電池による発電の実験**	連載 自然エネルギーの活用にチャレンジ(第14回)	6	2006_09_236.pdf
	7月号付録実験用プリント基板を使って作る **低ひずみ15Wパワー・アンプの設計と製作(設計編)**		6	2006_09_250.pdf
	アクリル・ケースの製作術④	連載 できる!表面実装時代の電子工作術(第14回)	3	2006_09_266.pdf
10月号	ワンチップ・モジュールTA2022を使った/壊れにくく、発振しにくい **小型放熱器で200Wを出力するオーディオ用パワー・アンプ/DC〜100kHz,出力100Wの広帯域パワー・アンプ**	特集 役に立つ実用パワー回路集(第2部)	6	2006_10_122.pdf
	12Vバッテリで動作し、回路がシンプル!/定格DC9V,電源電圧範囲6〜11Vで動作する/HIDランプの点灯回路に使える/入力140〜380V,出力12V/5Vの **28W蛍光灯用インバータ式点灯回路/10W直管型蛍光灯用インバータ回路/12Vバッテリで動作する35W定電力スイッチング電源回路/50W出力の小型絶縁DC-DCコンバータ**	特集 役に立つ実用パワー回路集(第3部)	10	2006_10_130.pdf
	小型高効率パワー・アンプの製作	連載 はじめての電子回路工作(第5回)	7	2006_10_187.pdf
	捨てられているエネルギーを有効利用する **人力発電による自転車テール・ランプ点灯システムの製作**	連載 自然エネルギーの活用にチャレンジ(第15回)	7	2006_10_208.pdf
	7月号付録実験用プリント基板を使って作る **低ひずみ15Wパワー・アンプの設計と製作(改良編)〜ひずみ率0.001%@10kHzを実現〜**		8	2006_10_236.pdf
11月号	無負荷時消費電力7mW、AC100Vから安定したDC電圧を簡単に得られる **DC最大170V入力,DC12.5V出力の電源モジュールBP5074**	連載 ホット・デバイス・レポート	6	2006_11_179.pdf
	グラフィック・イコライザの製作	連載 はじめての電子回路工作(第6回)	7	2006_11_185.pdf
	SPIインターフェースでマイコンと簡単接続! **イーサネット・コントローラENC28J60で作る「WEB制御ACコンセント」**		7	2006_11_208.pd
12月号	**乾電池2本から12Vを作る高効率電源**	連載 はじめての電子回路工作(第7回)	10	2006_12_193.pdf

掲載号	タイトル	シリーズ	ページ	PDFファイル名
2007年 1月号	はんだごてでは面倒なチップ部品もチン♪して短時間実装 **オーブン・トースタを使ったリフロ装置の製作**		6	2007_01_199.pdf
	雑音発生器を利用した簡易音源	連載 はじめての電子回路工作（第8回）	6	2007_01_221.pdf
2月号	耳掛け部にすべてを収納！USBで充電＆記録，6時間連続再生 **miniSDを使ったMP3ヘッドホン製作記**	特集 実験研究！大容量メモリ・カード（第3章）	16	2007_02_134.pdf
	電池1本で動く白色LED点滅回路	連載 はじめての電子回路工作（第9回）	8	2007_02_208.pdf
3月号	**赤外線ワイヤレス送受信器**	連載 はじめての電子回路工作（第10回）	7	2007_03_203.pdf
	校正にも使える高精度な装置を手作り！ **ペルチェを使った範囲±50℃，誤差0.01℃以内の恒温槽の製作（設計編）**		7	2007_03_259.pdf
4月号	**簡易テレビ・オシロスコープ**	連載 はじめての電子回路工作（第11回）	9	2007_04_218.pdf
5月号	専用電源ICと同等性能のプログラマブルDC-DCを製作 **高速タイマ内蔵8ビット・マイコンATtiny461**	連載 クローズアップ！ワンチップ・マイコン（最終回）	8	2007_05_193.pdf
	人を検知するタイマ付き夜間照明	連載 はじめての電子回路工作（最終回）	9	2007_05_201.pdf
	スタンバイ消費20nA，ノイズの多い環境でも確実受信 **微弱電波受信IC MAX7042**	連載 ホット・デバイス・レポート	7	2007_05_233.pdf
	校正にも使える高精度な装置を手作り！ **ペルチェを使った範囲±50℃，誤差0.01℃以内の恒温槽の製作（製作編）**		10	2007_05_262.pdf
6月号	家庭用ビデオ・デッキが利用できる **立体映像記録/再生装置の製作**		6	2007_06_187.pdf
	16個の入出力，UART，SPIの遠隔操縦を体験 **プログラミング不要のイーサネットIC IPSAGP100-3L**		14	2007_06_200.pdf
7月号	スイッチング用パワーMOSFETで作る **DC～100kHzの100Wリニア・アンプの製作**		9	2007_07_214.pdf
	校正にも使える高精度な装置を手作り！ **ラバー・ヒータを使った温度範囲50℃～150℃の恒温オイル槽の設計と製作**		8	2007_07_266.pdf
8月号	断線/短絡や入れ替わりも検出する **LANケーブル・チェッカの製作**		6	2007_08_212.pdf
9月号	氷点槽を使って−0.0025℃±0.0005℃を実現 **0℃温度校正システムの製作**		8	2007_09_258.pdf
10月号	ヘッドホン専用アンプを例に **プロの回路設計手順を疑似体験**		13	2007_10_163.pdf
	LCD付き計測システムに最適な16ビット・マイコン **DSP＆高性能アナログ搭載MAXQ3120/2120**	ワンチップ・マイコン探訪	10	2007_10_176.pdf
11月号	小形パッケージで外付け要らず，しかも低消費電力 **18ビット・ワンチップA-DコンバータMCP3421**	連載 ホット・デバイス・レポート	6	2007_11_176.pdf
	大きさの等しい電流を2個に流して順電圧と順電流を表示する **明るさを比較できる簡易LEDテスタの製作**		4	2007_11_210.pdf
12月号	軽薄短小で24時間以上連続記録できる **SDカード使用の携帯加速度ロガー**	特集 加速度センサ応用製作への誘い（第1章）	11	2007_12_098.pdf
	住宅やマイ・カーの窓や扉に取り付けて侵入者を発見 **衝撃センサを使った警報機能つき防犯装置**	特集 加速度センサ応用製作への誘い（第3章）	6	2007_12_116.pdf
	Z軸でX軸またはY軸の測定感度を上げた **±90°±0.5°，応答2秒の1軸傾斜計**	特集 加速度センサ応用製作への誘い（第4章）	11	2007_12_122.pdf
	USBメモリMP3プレーヤも手軽に作れてしまう！ **USBホスト・コントローラVNC1L**	連載 ホット・デバイス・レポート	7	2007_12_178.pdf
	フリーのソフトウェアと汎用マイコンで作る **超低コストUSB I/Oアダプタの製作**		10	2007_12_193.pdf
	本誌付録基板や汎用USB-シリアル変換ICで安価に作る **シリアル版＆USB版のMSP430用JTAG書き込み器**		10	2007_12_203.pdf
2008年 1月号	100Fの大容量電気二重層キャパシタを6個使用 **1分の充電で30分点灯！LED懐中電灯の製作**		7	2008_01_194.pdf
2月号	衛星モニタ・ツールで受信状態もチェック **ノートPCを使った簡易ナビゲーションの製作**	特集 GPSのしくみと応用製作（第5章）	6	2008_02_157.pdf
	アナログ回路もプログラムできるPSoCで徹底的に省部品化 **無線で調光！高輝度LED電気スタンド**		8	2008_02_217.pdf
3月号	待機時0.5μAでフィルタも不要な組み込み用ワンチップ **バッテリ機器向けの1.4W@8Ωモノラル D級アンプ**	特集 高効率パワー・アンプの作り方（第6章）	6	2008_03_134.pdf

掲載号	タイトル	シリーズ	ページ	PDFファイル名
3月号	放熱器を使わずワンチップで大出力！ **100W@4Ωのステレオ D級パワー・アンプ**	特集 高効率パワー・アンプの作り方（第7章）	9	2008_03_140.pdf
4月号	外付けICを使わず消費1.88μAの煙検知器を製作 **OPアンプを2個内蔵するMSP430F2274**	ワンチップ・マイコン探訪	8	2008_04_205.pdf
	スタータ・キット付属基板で「電子回路の作り込み」を体験 **PSoCで作るLED表示のワンチップ温度計**		7	2008_04_261.pdf
5月号	スタータ・キット付属基板で「電子回路の作り込み」を体験 **PSoCで作るパソコン表示のワンチップ照度計**		6	2008_05_214.pdf
	連続170時間！トランジスタ3個で確実に電池を吸い尽くす **0.71Vでも起動する高効率白色LED点灯回路**		1	2008_05_270.pdf
6月号	10年安定動作するセンサ回路，データ・ロガーを目指せ！ **低消費電力マイコン応用回路の作り方**	特集 長時間動作のためのバッテリ活用術（第3章）	21	2008_06_113.pdf
	免許不要の微弱無線に適合し外付け部品が少ない **ワンチップの無線送受信IC TRC101**		9	2008_06_247.pdf
7月号	主要アナログ/ディジタル回路をPSoCで構成 **ラジオ時報で時刻を校正する高精度ディジタル時計の製作**		9	2008_07_243.pdf
8月号	高精度湿度測定に不可欠な校正装置 **「2温度法」を使った基準湿度発生装置の設計と製作**		7	2008_08_253.pdf
11月号	パソコンのモニタで地デジが見られる **D端子-VGA端子変換器の製作**	特集 地デジ受信機のしくみと応用製作（第10章）	7	2008_11_163.pdf
	MMICで簡単に試作できる！消費電力も少ない **地デジ用ワンチップUHFブースタの製作**	特集 地デジ受信機のしくみと応用製作（第11章）	6	2008_11_170.pdf
2009年 1月号	「あいうえお」としゃべる！ **アナログPSoCブロックを使った音声合成器の製作**	特集 ディジ/アナ混載IC活用入門（第8章）	6	2009_01_155.pdf
	電池駆動のデータ・ロガーに適した **165μA/MHzの低消費電力マイコンMSP430F5x**	連載 部品箱の逸品（第2回）	6	2009_01_214.pdf
	汎用マイコンで500kHzサンプリングとストレージ動作を実現 **8パラAVRでA-D変換するUSBオシロスコープ**		8	2009_01_247.pdf
	組み込み機器の時刻同期にも使える **AVRマイコンと電波時計を使ったSNTPサーバの製作**		6	2009_01_255.pdf
3月号	電圧出力型トランスミッタを用いた **温度/湿度計測システムの設計と製作**		8	2009_03_236.pdf
5月号	モジュールを使ってマイコンを無線LANへ簡単接続！ **無線LAN変換器WiPortによる電子メール受信チェッカの製作**		8	2009_05_233.pdf
6月号	VCO/PLL IC 4046を使った **簡単便利な0.0125Hz～500kHz方形波発振器**		3	2009_06_205.pdf
	低ひずみで簡単なブリッジT型を使った **簡単便利な100Hz～10kHz正弦波発振器**		4	2009_06_208.pdf
	電子回路実験に必要な計測器の製作	エチオピア通信（第4回）	2	2009_06_226.pdf
7月号	**FM送信機の製作プロジェクト**	エチオピア通信（第5回）	2	2009_07_238.pdf
8月号	**山間向け揚水装置の製作**	連載 電気で農業と農村生活を快適に！（第1回）	6	2009_08_153.pdf
	8チャネル/サンプリング周期150nsの簡易ロジック・アナライザ **AVRマイコンで作るロジック・スコープ**		7	2009_08_190.pdf
	筋電位の検出と応用を体験！ **筋肉でラジコン・カーを操る回路の製作**		7	2009_08_203.pdf
9月号	身近な機材で-25℃～+70℃環境を実現！ **PSoCを使った簡易恒温槽の製作**		6	2009_09_219.pdf
	ソーラ発電装置のチャージ・コントローラの製作	エチオピア通信（第7回）	3	2009_09_230.pdf
10月号	スナバ回路からMOSFET駆動ICの電源を得ることで損失を低減 **単相200V用蛍光灯インバータ**	連載 チャレンジ！回路設計（第8回）	6	2009_10_182.pdf
	ソーラ発電装置でラップトップPCを充電するためのDC-ACインバータ	エチオピア通信（第8回）	2	2009_10_218.pdf
11月号	素早い作業と三種の神器で「達人」になろう！ **鉛フリーはんだ付けの極意**		1	2009_11_167.pdf
	受信感度が高くて低ノイズ！ **ストレート方式長波ラジオの製作**		6	2009_11_183.pdf
	農業用水路を利用する小型水力発電機の製作	連載 電気で農業と農村生活を快適に！（第4回）	5	2009_11_189.pdf
	向きに応じて信号をRS-232-Cレベルで取り出せる **RS-485の通信方向自動検出回路の製作**		6	2009_11_212.pdf

掲載号	タイトル	シリーズ	ページ	PDFファイル名
12月号	50cm～1mの距離にある対象物の温度と画像をイーサネット経由で取得できる **ネットワーク対応！簡易赤外線サーモグラフィの製作**		11	2009_12_197.pdf
	静電タッチ・センサとPSoCで簡単にできる？ **指で触ると音が鳴る"タッチ楽器"の製作**		8	2009_12_220.pdf
	人体を検知する焦電型赤外線センサを要介護者の事故予防に活用 **離床を検知してナース・コールを鳴らす装置の製作**		3	2009_12_236.pdf
	夜間診療を可能にする蛍光灯ランタンの製作	エチオピア通信（第10回）	2	2009_12_241.pdf
2010年 1月号	ライタ不要の8ビット・ワンチップ・マイコンで作る **ゲイン/位相/インピーダンス周波数特性測定器の製作**	特集 USBマイコン徹底活用 （第6章）	11	2010_01_128.pdf
	アナログもディジタルも入出力自由自在 **パソコンで簡単I/Oパカパカ装置の製作**	特集 USBマイコン徹底活用 （第7章）	7	2010_01_139.pdf
	出力0～16V/3A，測定感度最大10μA **電流/電圧モニタ付き実験用電源の製作**		7	2010_01_176.pdf
2月号	**真冬に2日で発芽！LED照明を使った育苗器**	連載 エコ時代の自然エネルギ 活用日記（第1回）	6	2010_02_163.pdf
	±15nTを60msで検出できるMIセンサの応用 **高感度磁気センサとコイルで作る磁場キャンセラ**		10	2010_02_179.pdf
3月号	**出力100Wの100V交流インバータ**	連載 エコ時代の自然エネルギ 活用日記（第2回）	6	2010_03_161.pdf
	6キーの同時押しによる文字入力装置 **文字を音声で読みあげるUSB点字キーボード**		13	2010_03_175.pdf
	フリーの開発環境でパソコン通信データ・ロガーを製作 **USBに挿すだけ！ブートローダ内蔵ARMマイコン AT91SAM7X256**		9	2010_03_201.pdf
4月号	**太陽電池で動くカラス撃退器**	連載 エコ時代の自然エネルギ 活用日記（第3回）	5	2010_04_153.pdf
	BTL接続が可能で放熱器や出力フィルタの外付けが要らない **20W×2を8mm角で出力！ワンチップD級アンプMAX9708**		7	2010_04_170.pdf
5月号	**ミニ植物工場を作る**	連載 エコ時代の自然エネルギ 活用日記（第4回）	5	2010_05_189.pdf
6月号	電圧と電流の同時取り込みが必要な電力測定などに最適なマイコン **7CH同時サンプル！低消費電力！MSP430F47177**		6	2010_06_147.pdf
	LEDメッセージ・パネル付き水車発電機	連載 エコ時代の自然エネルギ 活用日記（第5回）	6	2010_06_185.pdf
7月号	くるくる回して楽ちん設定！ **ハンディ方形波発生器の製作**		3	2010_07_193.pdf
9月号	**オーディオ用OPアンプで作るミニ・パワー・アンプ**		1	2010_09_129.pdf
	パソコンや携帯端末につないで自分だけの世界に浸る **オーディオOPアンプで作るヘッドホン・アンプ**	オーディオ用OPアンプで作る ミニ・パワー・アンプ（第1章）	8	2010_09_130.pdf
	OPアンプの出力を強化してスピーカを鳴らす **出力7Wのパワー・アンプの製作**	オーディオ用OPアンプで作る ミニ・パワー・アンプ（第2章）	7	2010_09_138.pdf
	数万円の高精度センサをホームセンタの部材で製作TRY！ **手作り差動トランスによる誤差6μmの変位検出器**		8	2010_09_192.pdf
	リード・タイプの超定番2SC1815がついに非推奨部品に！ **代替が利く汎用小信号チップ・トランジスタを調査**		1	2010_09_213.pdf
10月号	**切り忘れを監視するテーブル・タップ用**	連載 無駄減らし効果が目に見え る三つの消費電力メータ（第1回）	11	2010_10_154.pdf
11月号	**0.1W精度で測れる液晶ディスプレイ付き電力メータ**	連載 無駄減らし効果が目に見え る三つの消費電力メータ（第2回）	10	2010_11_163.pdf
	DMA転送を活用してアナログRGB信号を生成 **PSoC3 CY8C3866を使ったブロック崩しゲームの製作**		7	2010_11_173.pdf
	現地のエレキ商売突撃レポート！ **世界のアキバから～タイ・バンコク編～**		2	2010_11_218.pdf
12月号	**無線で飛ばしてロギングする大電力測定型**	連載 無駄減らし効果が目に見え る三つの消費電力メータ（第3回）	11	2010_12_217.pdf

第1章 電子工作の楽しみ方

オリジナル作品を作り出すためのヒント

下間 憲行

写真1 アーカイブス・シリーズ
「トランジスタ技術」などの雑誌記事のPDFをテーマごとに集めたシリーズ．本書の発売時点（2014年7月）で発売済みの4テーマに含まれる記事は，本書には含んでいない（特集や連載でまとまりが必要になる場合などを除く）．

(a) PICマイコン製作記事全集
(b) H8マイコン活用記事全集
(c) SHマイコン活用記事全集
(d) FPGA/PLD入門記事全集

　本書は，2001年から2010年に「トランジスタ技術」に掲載された記事から，電子工作のアイデアの素になる回路や，電子工作に役立つ情報が含まれている記事を集めたものです．メカを含んだおもちゃ（ロボット）やオーディオ・アンプやヘッドホン・アンプなどの趣味の音響機器，仕事で応用できる計測器や補助ツールなど，さまざまです．ただし，**写真1**に収録済みのPICマイコンやH8マイコン，SHマイコン，FPGA/PLDを用いる製作事例は，原則として省いています．

なぜ作るのか

　電子工作は，電子回路を応用した"ものづくり"です．製作そのものからオリジナルの作品の開発まで，楽しみ方はさまざまです．

　人は何か目標を作って行動します．仕事であれば，目に見える形で有益な成果を出すことも必要です．しかし趣味であれば，自分の要求を満たすことが目的になります．オーディオであれば，自分にとって"良い音"を追求できるのが，自分で作る最大の理由といえるでしょう．

● 世の中にないものを生み出す

　電子工作を始めるきっかけとして比較的多いのは，世の中に求める製品ががが存在しない，あるいは高価すぎて買えない場合です．

　所望の機能の製品が入手できなければ，工夫して作るしかありません．本書に含まれる記事の中にも，このようなきっかけから誕生した事例が数多くあります．

● ひらめきを形にする

　電子工作のテーマが突然決まったという場合も少なくありません．

　例えば，部品がきっかけになることがあります．雑誌の記事や広告で紹介された部品を試してみたいとか，部品の特徴などから応用がひらめいたときです．

　筆者は，ケースがきっかけになったこともあります．フロッピーディスクが入っていた透明樹脂ケースを再利用したいと考えて製作したのが**写真2**の目覚まし時計です．2001年に製作しましたが，今も使っています．ただし9年目にスイッチング電源が寿命となり，電源ユニットを交換しました．

写真2　ケースをどう使うか考えて製作した目覚まし時計
3.5インチ・フロッピーディスクが入っていたケースを再利用したいと考えたことが製作のきっかけだった．H8マイコンを利用している（本製作の記事は，「H8マイコン活用記事全集」に収録されている）．

| 基　礎　知　識 | 記事ダイジェスト | 記　事　一　覧 |

製作を楽しむ

　本書のCD-ROMに収録されている記事は，「トランジスタ技術」で2001年から2010年に掲載されたものです．

　技術専門誌の記事であるため，電子工作の入門書で見られるような実体配線図はほとんど掲載されていません．従って，製作を楽しむだけであっても，回路図を読んで，使用する部品の種類を理解できる知識は必須になります．

　また，掲載されてから年月が経過しているため，記事で紹介されている部品が世代交代してしまったり，製造中止になったりして，入手できない可能性があります．このような場合は，同等品を探し出すスキルも必要になります．同等品が見つからない場合には，回路を修正する技術が求められることになります．

　このほか，マイコンを応用した製作では，ソフトウェア開発環境を準備して使いこなす必要もあります．製作した回路が正しく動作しているかどうかを確認するためには，さまざまな測定器を利用しなければなりません．開発ツールの使い方は記事で示されていない場合がほとんどですので，あらかじめ使いこなせるようになっておく必要があります．

● 部品の知識
▶種類と形状

　電子工作では，トランジスタやICなどの半導体だけでなく，抵抗，コイル，コンデンサなどの受動部品，コネクタ，スイッチ，電線，ねじなどの機構部品などの知識が必要になります．回路図に描かれた部品の記号から，実際に使用する部品を選択できなければなりません．

　また，電子回路の製作だけでは，動作する機器は出来上がりません．入出力信号の引き回しや接続方法を考え，ケースに組み込んで，完成品になります．

▶定数と単位

　電子回路の基本はオームの法則です．ただし，直流だけでなく交流での振る舞いを知っておく必要があります．抵抗やコイル，コンデンサといった部品の定数や単位の知識も必要です．

　もう一つ忘れてはいけないのが電力です．電子回路を動作させるに当たっては，電力＝発熱という物理現象を意識する必要があります．例えば5Vで3Aは15Wという電力になります．この値を甘く見てはいけません．はんだごてのヒータ定格を見てみましょう．15Wははんだ付けできるくらいの熱量です．パワー回路を触る（設計，製作する）場合には注意が必要になります．

▶部品の入手方法

　ネット通販で部品が入手できるようになったのは素晴らしいことです．しかし，画像情報として得られる写真や形状図だけでは，実物の質感が伝わってきません．機構部品やケースなど，現物を手にしてあれこれ思うのも大切です．部品店にも足を運んでみましょう．

　不要になった電子機器から取り出した基板など（いわゆるジャンク品）からも部品を調達できます．例えばFAXやプリンタにはモータなどの機構部品が使われており，通常の小売店では入手できないような特殊な仕様のものが手に入ることがあります．そのままでは使えなくても，バラせば中から巻線が取り出せます．ビス1本でも捨てずに置いておけば，何かの工作で役に立つでしょう．

● 開発ツールの知識

　電子工作でマイコンを活用する例は珍しくなくなりました．マイコンを応用する製作では，ハードウェアの製作とソフトウェアの開発の両方が必要になります．

　初めて使うマイコンでは，I/Oポートを操作してLEDを点滅させること（通称"Lチカ"）が第一歩になります．そしてこのLチカは，電子工作では幅広く応用可能な重要な技術です（写真3）．開発環境を構築して，その使い方をマスタしなければならないからです．そしてマイコンの中身を知らなければ，I/Oポートの制御ができないので，ソース・プログラムが書けません．

　出来合いのボードが使えない場合は，回路図を描いて部品を集めて，はんだ付けしなくてはなりません．

● 完成品はケースに入れよう

　回路が完成したら，ケースに入れていつでも使える

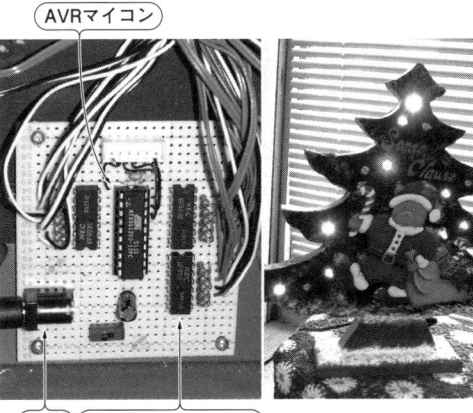

写真3　Lチカを応用したクリスマス・ツリー
AVRマイコンでLEDの点滅を制御している．本製作事例は本書には収録されていない．

写真4 使いにくかったワイヤ・ストリッパ
握り手部分のゴムがずれると，刃先ロック機構のスプリング位置が狂い，握るごとにロックしてしまって作業のじゃまをした．グリップを接着剤で固定して解決したが，使い続けないと分からないトラブルだ（現在の製品では改善されている）．

樹脂の接着

樹脂ケースのヒビ割れ補修やネジ穴の強化では，100円ショップでネイルアート用の材料として売られているアクリル・パウダーとその溶液を活用できます（**写真A**）．2液のエポキシ接着剤よりも固くなります．

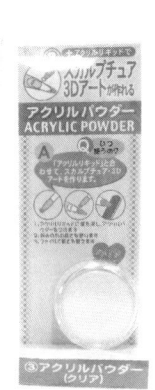

写真A アクリル・パウダーとアクリル・リキッド

ようにしましょう．基板がむき出しのままでは常用ツールになりません．ましてブレッドボードで試した回路では安定しません．ケースに入れてやっと作品が完成したといえます．

最近ではさまざまな樹脂ケースが手ごろな価格で手に入ります．アルミなどの金属ケースより加工しやすいでしょう（コラム「樹脂の接着」を参照）．電子機器専用のケースでなくても，100円ショップにあるプラスチック容器や弁当箱，菓子箱も利用できます．

● **工具は良いものを使おう**

工具は，最近では100円ショップでも買えますが，長く使うのなら良いものをそろえましょう．しかし，工具だけはしばらく使ってみないと，その善しあしが分かりません．どんなに品質が高い工具であっても，自分にとって使いやすいとは限らないためです（**写真4**）．使いにくかった工具も，加工を施すことで使いやすくなることもあります（コラム「加工を施して使いやすくした工具」を参照）．

はんだごてはもちろんのこと，こて台もしっかりしたのを選んでください．こて台は，こてを置けばよいというものではありません．こて先をカバーしてくれる形状であれば，やけどのようなけがを防げます（コラム「ケガに気を付けよう」を参照）．はんだごてによって作業の効率は大きく変わります．気に入ったはんだごてに出会えたら，予備のこて先やヒータもそろえておきましょう．

工具は適材適所です．ねじ回しでは，ねじのサイズに合ったものを使う必要があります．無理して回すとねじをダメにしてしまいます．適合しない固さのものを無理に切断しようとした精密ニッパは，片方の刃先が折れてしまいました（**写真5**）．

● **測定器をそろえよう**

本書は初心者向けではないので，「テスタには針式のアナログ・テスタとディジタル・テスタがあって…」などという話は割愛します．でも，あえていいます．ディジタルとアナログの両方のテスタをそろえてください．針式テスタは高級品じゃなくてもかまいません．小型で手軽に使える方が，アナログで読み取る良さが出てきます．

現在，オシロスコープはディジタルが主流ですが，アナログ波形の観測では，ブラウン管オシロの方が向

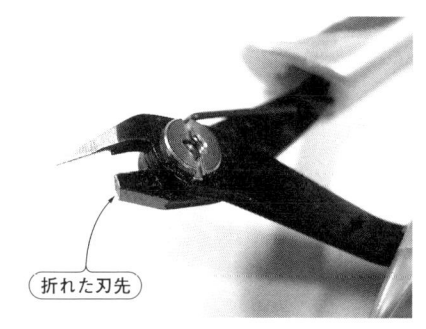

写真5 片方の刃先が飛んだ精密ニッパ

加工を施して使いやすくした工具

写真Bは100円ショップで購入したピンセットです．100円ショップの商品にしては刃先がしっかりしています．しかし，刃先を閉じるために強い力が必要で，そのままでは使いやすくありませんでした．

そこで，接合部の両面を少しグラインダで削って薄くしてみました．すると，加えるべき力が軽減されて使い心地が改善されました．ただし，材質がステンレスなので，着磁するという問題がありました．着磁してしまったときは，写真CのようにAC100Vで駆動するソレノイド・コイルを使って消磁します．

ところで，本文では品質の良い工具を使おうと書きましたが，100円ショップの商品ならではのメリットもあります．こじるような作業をするとき，このピンセットなら先端を傷めても惜しくはありません．

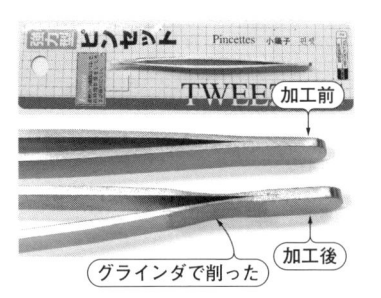

写真B 100円ショップで購入したピンセット

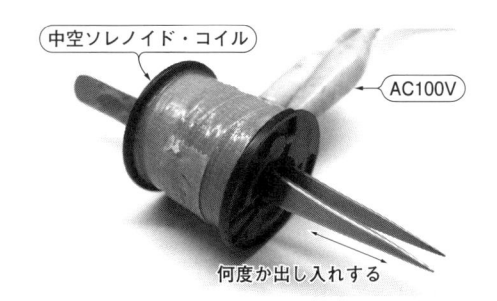

写真C 消磁の様子
空芯コイル（インダクタンス1.2H，直流抵抗1.3kΩ）を使用．

いていることがあります．

ディジタルもアナログも，得意とする測定対象もあれば苦手とする信号もあります．それぞれの特徴をつかんで，測定器が持つ能力を生かしましょう．

測定器は決して安くはありません．さまざまな測定器やマイコンの開発ツールをそろえるには多くの費用がかかります．こんなとき，開発ツールを自作して，活用するとよいでしょう．

オリジナル作品を生み出す

● オリジナルのツールを作ろう

精度の高いディジタル・テスタがあれば，電圧と電流，抵抗値を測定できます．つまり，オームの法則を構成する三つの数値が確かめられるのです．電子工作をするのに必要なさまざまな測定器やツールは，手持ちのテスタを基準に自作することが可能です．

本書の中にも製作事例があるのでそのまま製作するのもよいでしょうが，目的に合わせて使いやすいオリジナル品を作り出したいものです．

▶可変電圧直流電源

実験では，自由に出力電圧を変えられる電源装置があると便利です（写真6）．短絡事故や過負荷になっても大丈夫なように，電流制限機能も欲しいところです（電源装置を壊さないだけでなく，試験している回路も救える）．

電圧は0Vから出せる方が便利です．OPアンプ回

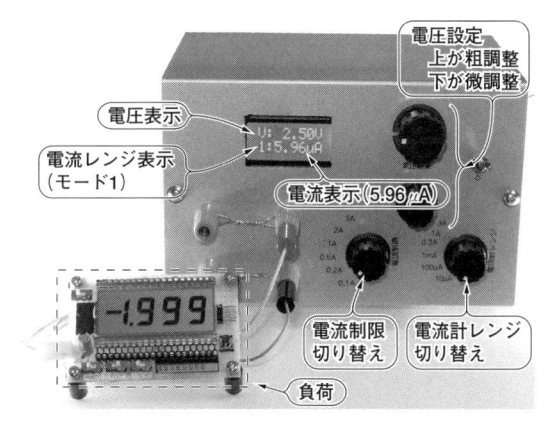

写真6 実験用電源の製作事例
本書に収録されている製作記事の一つ（よしひろし；電流/電圧モニタ付き実験用電源の製作，トランジスタ技術，2010年1月号，2010_01_176.pdf）．

路の実験だと，正負両電源出力のが必要になります．

▶発振器

オーディオ回路の実験では正弦波発振器，ディジタル回路の実験ではパルス発生器を用いることがあります（写真7）．

正弦波のひずみ率に重きを置くか，可変周波数範囲を広くするか，アナログ回路で作るかディジタル回路で実現するか，さまざまな回路が考えられるので，自分で回路を設計する際にも良いテーマになります．

発振出力に，±10Vくらいの範囲で直流オフセッ

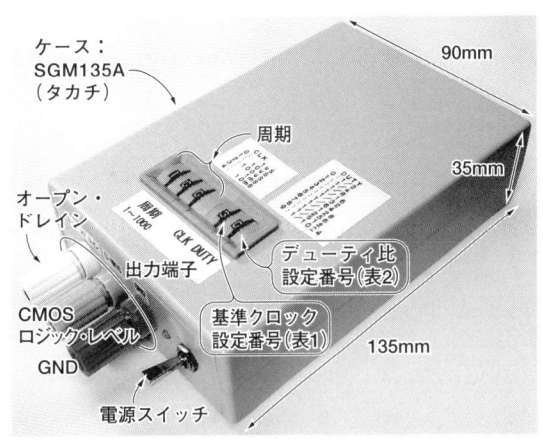

写真7 方形波発生器の製作事例
本書に収録されている製作記事の一つ(下間憲行；ハンディ方形波発生器の製作，トランジスタ技術，2010年7月号，2010_07_193.pdf)．

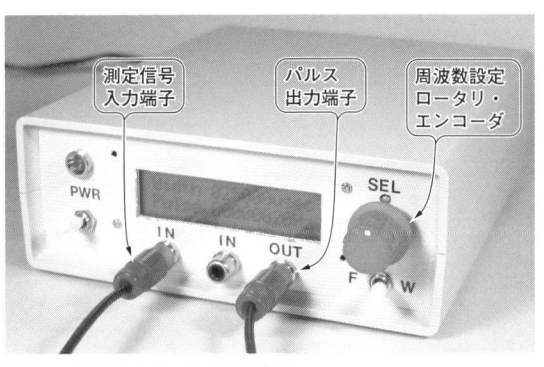

写真8 周波数カウンタの製作事例
本書に収録されている製作記事の一つ(タイニー・マスタ；多機能周波数カウンタの製作，トランジスタ技術，2005年2月号，2005_02_227.pdf)．

ト電圧を加えられるようにしておくと，DCアンプやコンパレータ回路の挙動を追うときに便利です．

▶周波数カウンタ

ディジタル回路でH/Lの変化を計数するのが周波数カウンタです(**写真8**)．幅広い信号に対応するためには入力段をアナログ回路にする必要があります．また，周波数だけでなく周期やデューティ比，最大と最小，変動値のように測定値の表示を工夫すると役立ちます．

回路設計では，基準とする時間をどうするかが問題になります．高精度水晶発振モジュールを信じるのも一つの方法です．水晶を使った発振回路を設計する場合は，秒表示の時計を仕立ててみると手軽に精度が検証できます．例えば月差10秒だったなら5PPM内の精度が出ていると判断できます．

▶測定補助ツール

測定対象に合わせて補助ツールを自作するケースはよくあります．筆者が製作した事例を**写真9**に示します．これらの他にも例えば，高周波検波プローブや直

ケガに気を付けよう

工作で，刃の付いた工具や電動工具を扱うときは気を引き締めましょう．ちょっとした油断が事故を招きます．

右手で持つアクリル・カッタを滑らせてしまい，定規を押さえていた左手の親指にグサリ．血が止まらず，医者で6針縫うこことになりました(**写真D**)．

机から落下しそうになったはんだごてを救おうと手で受けてしまい，小指をやけどしたこともあります(**写真E**)．このときは，「先から落ちてこて先が曲がったらいややなぁ…」，「落下の衝撃でヒータが断線するかも…」，「こて先とヒータの買い置きあったかな…」なんてことが頭の中を駆けめぐりました．はんだごては助かりましたが，何日か小指がうずきました．

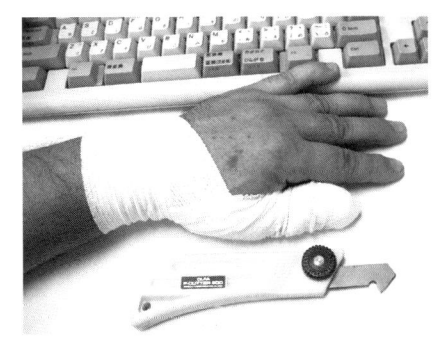

写真D アクリル・カッタでケガ
アルミ板を切断しようと，カッタでスジを作っていたとき，いきおいあまって，定規の段差を刃先が飛び越え，定規を押さえていた左手の親指をグサリとやってしまった記録．

写真E
はんだごてでやけど
落下したこてを受け取ったときの様子を後日再現した様子．熱くなっているヒータ部が小指の先に触れた．

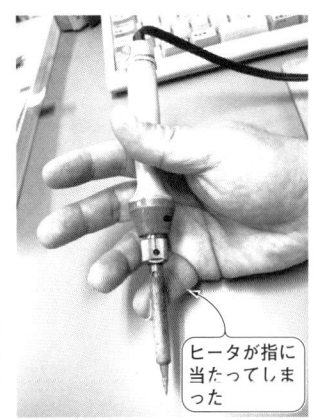

ヒータが指に当たってしまった

流定電流回路，アナログ・テスタの交流レンジを補完するアンプなどが考えられます．

▶身近にある部品を上手に活用してもっと簡単に

時として，昔ながらのクリスタル・イヤホン（圧電セラミック・イヤホン）が役に立つこともあります．直流をコンデンサでカットして信号や電源ラインにつなぐと，信号変化や電源に乗るノイズが聞こえるようになります（コラム「ブザーで作るスピーカ・チェッカ」を参照）．

オシロスコープで波形を観測できない場合でも，音として変化を感じ取れます．

● 電池で動かすかACアダプタか

製作した回路を動作させるためには電源が必要になります．電子回路を安定して動かすために注意が必要になる箇所でもあります．電源ユニットだけでなく，基板のパターンや配線を含めての電源回路が重要です．電源ラインのパスコンも大事です．

ケースの内部に電源ユニットを一緒に入れ，プラグ付きコードでAC100Vを供給というのが一般的なスタイルです．最近では，小型のACアダプタが普及してきたので，ACアダプタの方が便利な場合があります．ただし，組み込み用の電源ユニットのように特性が明らかでないことが多いので，使用に当たっては注意が必要です（第2章参照）．電圧変動だけでなく，電源ノイズの様子，発熱具合なども確かめておきましょう．

持ち運びする機器で便利なのは電池です．動作電圧範囲の広い単一電源動作の回路ならよいのですが，正負電源が必要なOPアンプ回路や安定化した電圧が必要なマイコン回路では，電池からDC-DCコンバータICで昇圧または降圧して使わなければなりません．

電池で動作する機器では，電池が消耗したときの挙動を確認する必要があります．電池ボックスがしっかりしていないと，振動で電池が動いて瞬断するかもしれません．おもちゃなら，電源の逆接対策をしておき

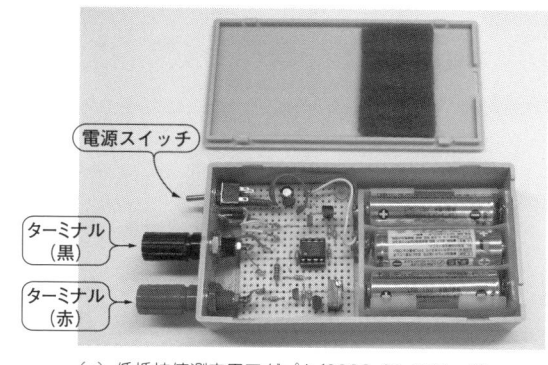

(a) 低抵抗値測定用アダプタ (2006_02_276.pdf)

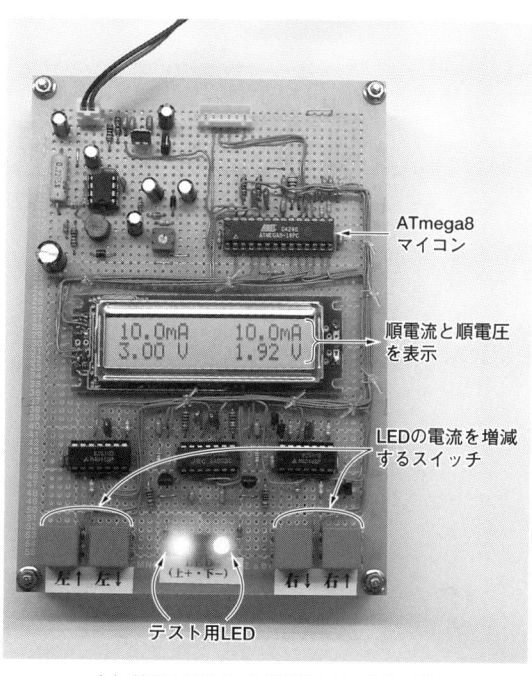

(b) 簡易LEDテスタ (2007_11_210.pdf)

写真9　測定補助ツールの製作事例

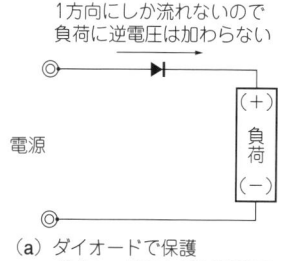

(a) ダイオードで保護
ダイオードによる電圧降下（0.6～0.7V）が問題になる場合がある

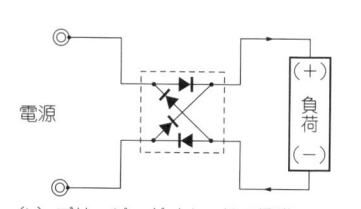

(b) ブリッジ・ダイオードで保護
電源を逆接しても動作するが(a)に比べて電圧降下が倍になる．乾電池での運用では，この電圧降下がもったいない

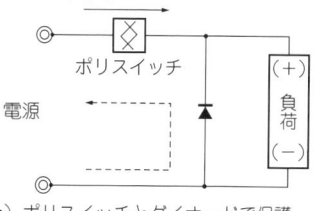

(c) ポリスイッチとダイオードで保護
負荷に並列接続したダイオードで逆方向電圧を防いで負荷を守り，ポリスイッチで電源電流を制限する

図1　電池の逆接対策

PLCの活用

「トランジスタ技術」にはあまり登場しませんが，工場でのメカ制御にはPLC（Programmable Logic Controller），いわゆるシーケンサが使われます．入出力点数20点くらいのものが2万円程度で入手できます．

100V電源を使って動力系のものを制御するのであれば，マイコンを使って回路を組み立てるよりシーケンサの方が手軽です．工業用なのでノイズ対策もしっかりされています．

操作スイッチや位置決めのための近接スイッチを入力し，ランプやリレーを駆動します．タイマやカウンタ，自己保持用補助リレーが自由に使え，サーボモータやステップ・モータのドライバとつなげば，位置制御も簡単です．

写真Fは三菱電機のFX1S-30MTです．フォトカプラ入力が16点，オープン・コレクタ出力が14点で，電源も内蔵されています．入出力信号と電源は圧着端子で接続します．

シーケンサによる制御はアマチュア向きの工作とは趣が違います．でも，ラダー図によるシーケンス制御を勉強すると，マイコンのプログラムにも応用でき，世界が広がります．

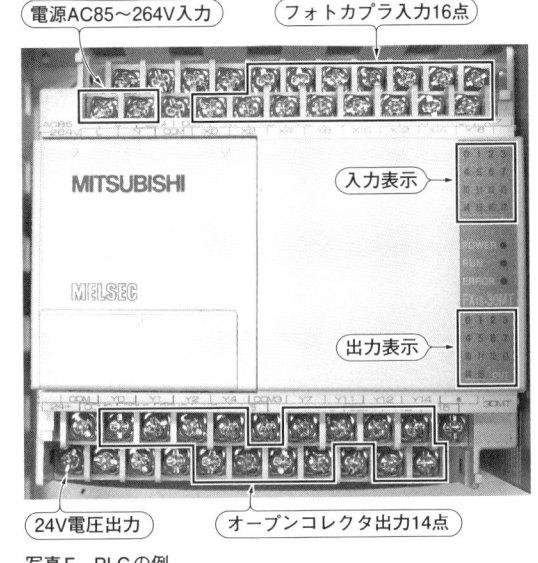

写真F　PLCの例
三菱電機のFX1S-30MT．

写真10
正負を間違えた電源ラインの電解コンデンサ
頭部が開いてガスが出た．

たいところです（図1）．

また，電池運用では電源の切り忘れにも注意が必要です．通電しっぱなしで電池が液漏れしてしまったというトラブルは，単純なおもちゃでもよくある話です．回路設計の際には，通電中がはっきり分かる表示やロー・バッテリ警報やオート・パワーOFF機能が欲しいところです．

● 回路図を残そう

オリジナルの作品を製作したら，回路図などの設計情報をきちんと記録しておきましょう．フリーハンドのメモ書きでもよいのですが，きれいに清書しておくことで後から確認しやすくなります．無償で使用可能な回路図CADもあります（例えばBSch3V）．

● 修理してみよう

ものの修理ほど勉強になる教材はありません．自分の作品の壊れた原因が，回路設計のミスやはんだ付けのつたなさなら，勉強して腕を磨くしかありません．

市販品，つまり他人が設計・製作したものの修理では，独特の緊張感が生まれます．回路資料がない状態で悪い場所を探すのはパズルです．故障原因を突き止めてうまく修理できれば，スキルアップ間違いなしです．

市販品は，どのような部品が使われているのかの参考にもなります．基板の部品実装や機構設計の様子が勉強になります．

● 失敗で学ぼう

電子工作は失敗の繰り返しです．回路設計の勘違い，部品選定のミス，配線ミス，正負逆接続，挙動不審なプログラム，…．パワー回路ではあっというまに部品が壊れてしまいます（写真10）．

経験値は失敗の積み重ねで上昇します．いろんなミスをして，してはいけないことや気を付けるべき点を学びましょう．部品の付け替え，配線のやり直し，ケース加工を最初から，プログラムの見直し，…．それはもう，製作物を完成させるための修行です．

ブザーで作るスピーカ・チェッカ

写真Gは，磁石の接近でONするリード・スイッチを使った防犯ブザーです．窓や扉が開くと磁石が離れて，大きな音で報知するという仕掛けです．

回路を図A(a)に示します．発振回路の詳細は，ブラックボックスなので分かりません．

図A(b)のように圧電スピーカ駆動部を外し，トランジスタのコレクタ出力を引き出します．みのむしクリップを付けておけば，スピーカ・チェッカが出来上がります．音が出なくなったおもちゃの修理で，スピーカそのものが悪いのかの判断に利用できます．

ただし，図A(b)の回路では，チェッカの電池電圧がアンプの出力段に直接加わることになってしまい，これが別の故障を誘発するかもしれません．電圧の向きがターゲット回路でどうなるか分からないからです．回路保護用に抵抗を直列に入れておきたいところです．

そこで，図A(c)のようにエミッタ・フォロワで駆動するように手直ししました．パルスをコンデンサでカットして交流でドライブするのです．直列に入る $10\,\mu\mathrm{F}$ のインピーダンスは，報知音の周波数 $2\mathrm{k}\sim4\mathrm{kHz}$ で $4\sim8\,\Omega$ です．

そして並列に抵抗（$1\,\mathrm{k}\Omega$）を入れておくことで，ダイナミック・スピーカだけでなくセラミック・スピーカ（圧電発音体）もテストできるようになります．ボタン電池も二つにして，駆動電圧を下げました．試験用の信号源としても利用できます．

写真G　スピーカ・チェッカの製作で利用した防犯ブザー

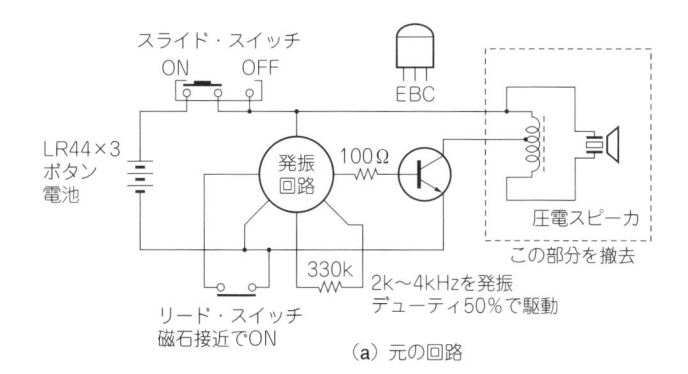

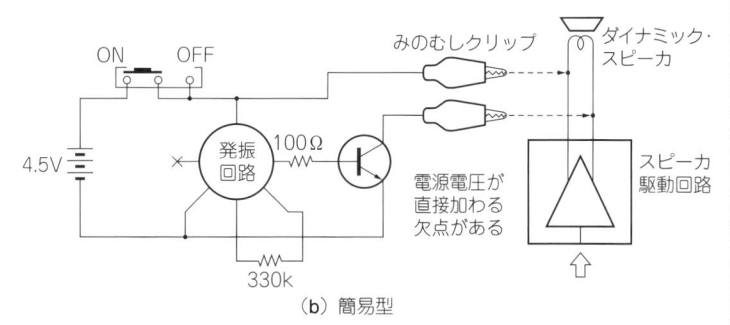

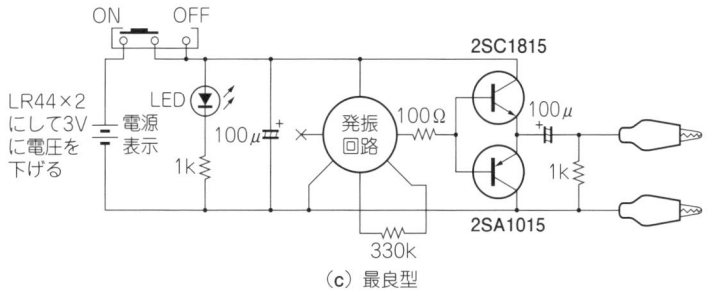

図A　スピーカ・チェッカ

第2章 電子工作で重宝するACアダプタの特徴を知る

Arduino UNOを使ったACアダプタ負荷試験回路の製作
下間 憲行

電子工作でもACアダプタを活用したい

　身の回りの機器では，さまざまなACアダプタが使われています．機器を使わなくなった後でも，ACアダプタだけは手元に残している人も多いのではないでしょうか．

　ACアダプタは，交流電源から直流を作り出す部品です．出力電圧や最大出力電流，出力プラグの形状・極性が異なるため，付属していた機器とセットで使用することが基本です．しかし電子工作の際には，再利用できる可能性がある，有用な部品になります．

● ACアダプタの特徴が分からないと使えない

　ACアダプタを電子工作などで再利用する際には，注意しなければならないことがあります．ACアダプタに定格として明記されている出力が常に得られるわけではないということです（コラム「ACアダプタの内部回路」参照）．負荷によって出力電圧が大きく変化することもあります．また，直流とはいっても出力電圧は厳密に一定ではなく，わずかに脈動しています（リプルという）．リプルが大きいと，例えば低周波アンプを使った機器だと，ブーンというハム音が大きくなります．ディジタル回路では，LSIなどの部品の誤動作や破損につながることもあります．

　このようなACアダプタの特性を理解しておかないと，せっかく製作した回路が期待通りに動作しなかったり，壊してしまうこともあります．やけどや火災といった大きな事故を引き起こしてしまう危険もあります．

● ACアダプタの特徴を自動的に調べる

　このような理由から，手元にあるACアダプタの特性を調べるツールを製作しました（写真1）．測定例を図1と図2に示します．

　負荷電流の変化に伴う出力電圧の変化と，直流出力に乗るリプル（脈動成分）を測ることができます．また，1次側（AC100 V）の電力も測定することで，変換効率を計算できるようにします．

● 測って分かるACアダプタの特徴と適切な使い方
▶ 出力電圧が大きく変動する

　昔はよく使われていたような，ずっしりと重いACアダプタ（定格12 V，1 A）を測定した結果が図1です．負荷電流が増大すると電圧が低下していく様子がよく分かります．

　1 A負荷のときに12 Vが出力されていますが，約2.3 V（P-P）のリプルが生じています．このACアダプタを用いる機器では，出力電圧の変動とリプルを考慮した回路設計が必要だと分かります．

▶ リプル電圧がとても大きい

　リプル電圧がとても大きなアダプタに出会ったことがあります．平滑コンデンサが劣化しているのかと，アダプタを解体してみたら，ダイオードを2本使った両波整流回路が組み込まれているだけで，平滑コンデンサが見あたりませんでした．このようなACアダプタを使う場合には，機器のほうに平滑回路を用意する必要があります．

　古い機器では回路が正負電源を使うために，トランスだけしか入っていないACアダプタも存在します．当然，交流出力になるので注意が必要です．

▶ 個体差が大きい

　100円ショップで見つけたUSB出力のACアダプタ（定格5 V，1 A）を試したのが図2です．個体によって，最大電流が大きく異なっていることが分かります．定格を超える領域ではあるものの，大きな電流が流れる可能性のある機器では，同じ型名のACアダプタであっても使えたり，使えなかったりする可能性がありそうだと分かります．

　また，小型の電子機器に用いることが多いUSB出力にしては，リプルが大きいことが気になります．試しに1000 μFのコンデンサを付加して測定してみたところ，リプルは小さくなりました．電圧の安定度からは，定格の半分くらいが実力です．

● トラブル・シューティングにも活用できる

　ACアダプタの故障でノート・パソコンの電源が入らないという故障に出会ったことがあります．無負荷

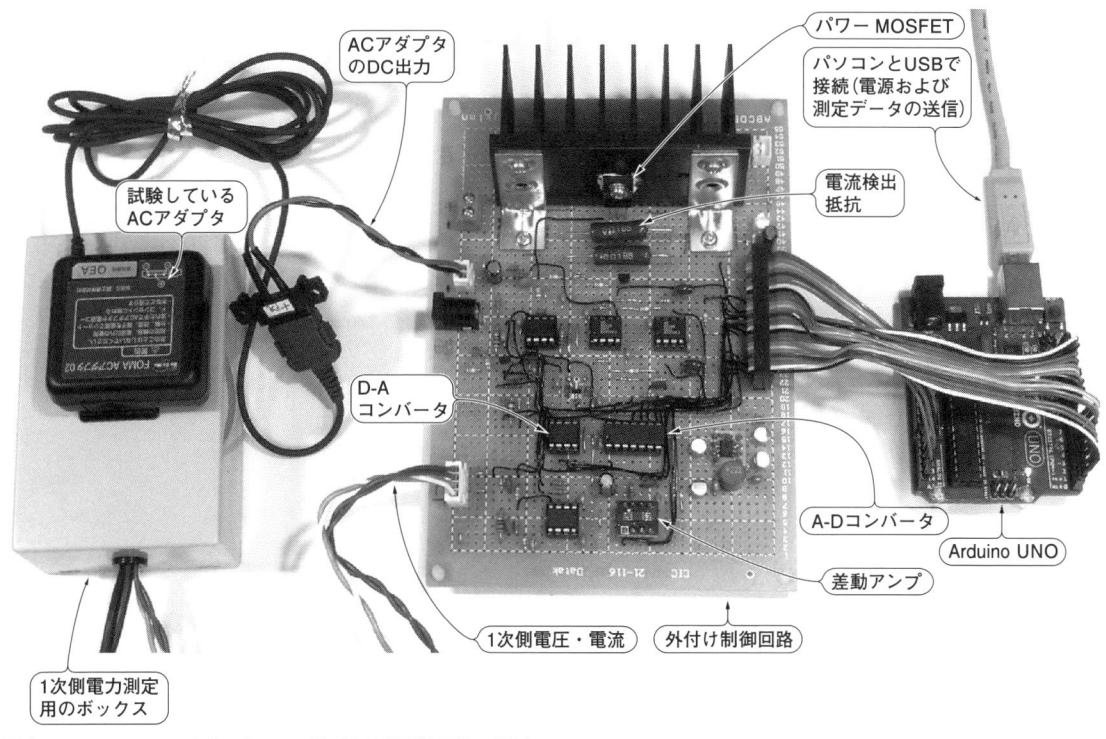

写真1 Arduino UNOを使ったACアダプタ負荷試験回路の外観

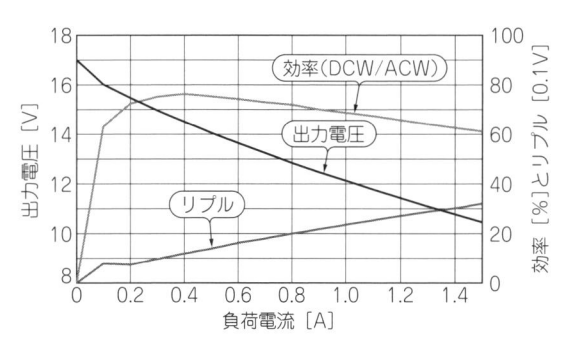

（写真内ラベル）
- ACアダプタのDC出力
- 試験しているACアダプタ
- パワー MOSFET
- パソコンとUSBで接続（電源および測定データの送信）
- 電流検出抵抗
- D-Aコンバータ
- A-Dコンバータ
- Arduino UNO
- 差動アンプ
- 1次側電圧・電流
- 外付け制御回路
- 1次側電力測定用のボックス

図1 定格12V，1Aのトランス式ACアダプタの測定例

図2 100円ショップで販売されていたUSB出力ACアダプタの測定例

時の出力は正常なのですが，負荷電流を大きくすると急に電圧が下がってしまうのです．本器を活用することで，こういった現象もテストしやすくなります．

このときにはACアダプタで使用している部品の劣化かと思い，樹脂ケースを無理やり開封して点検してみましたが，目視では問題ありませんでした．ACアダプタ回路の出力部分を測定してみたら，仕様通りの電流を取り出すことができました．

このことから，パソコン本体とつなぐケーブルに問題があると推測し，コードを切って調べてみたところ，導体が腐食していました．シールド線が使われていて，外側の網線に触れるとパラパラと分解してしまう状態でした．これでは大電流を流すことはできません．

回路と制御ソフトウェアの製作

● Arduinoと外付け制御回路で実現

本器のブロック図を図3に示します．パソコンでデータ収集ができるようにArduino UNOを用いました．Arduino UNO基板から，ユニバーサル基板に手組みした外付け回路を制御します．測定データのグラフ化はgnuplotというフリー・ソフトウェアを利用します．

外付け回路の回路図を図4に示します．外付け制御回路の電源は，Arduinoから供給します．

負荷となる定電流回路にはヒートシンクが必要です．電流は12ビットのD-Aコンバータで制御しています．

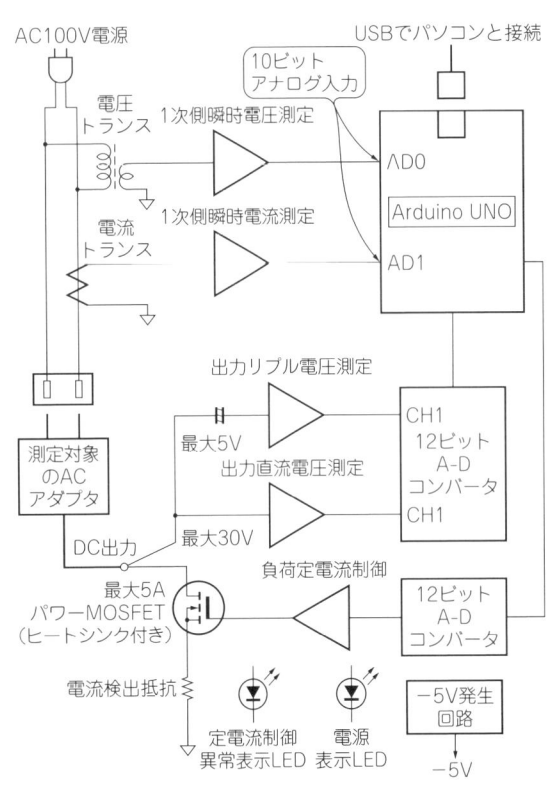

図3 ACアダプタ負荷試験回路ブロック図

写真2 1次側電力測定ボックスの内部

設定できる最大電流は5Aです．常時通電するわけではありませんが，容量の大きなACアダプタ（ノート・パソコン用の電源など）を試験するとき，放熱は必須です．今回の回路では負荷電力30W程度しか扱えません．

ACアダプタの出力電圧とリプル電圧の測定には12ビットのA-Dコンバータを使いました．直流電圧は30Vまで，リプルは5V（p-p値）まで計れます．

1次側電力の算出のために電圧トランス（VT）と電流トランス（CT）を用います．1次側電源（100Vライン）と絶縁し，それぞれの瞬時値をArduino内部のA-Dコンバータ（10ビット）で測定します．写真2がトランスを組み込んだ樹脂ケースです．

● 制御ソフトウェアの制作

測定のための制御ソフトウェアは，Arduinoのスケッチとして記述していますが「Digital I/O」で使うpinModeやdigitalWrite，digitalRead，「Analog I/O」のanalogRead関数は使っていません．タイマも割り込みを独自に設けて処理しています．Arduino UNOの制御マイコンであるATmega328Pのレジスタを直接操作しているわけです．表1に主な制御箇所をまとめます．

パソコンとのやりとりするシリアル通信は，Arduinoが持つ「Serial」入出力機能を使っています．浮動小数点の出力はdtostrfを用いて桁数指定しました．

Arduinoのスケッチとgnuplotのサンプルは本書HPからダウンロードできます．

計測の操作と校正

内部A-Dコンバータからは三つのデータが，外付

機能	説明
I/Oポート	● DDRとPORTに対し入出力を指定 ● 高速化のためポートのH/L制御はdigitalWriteを使わずsbi，cbi命令を使う ● ポートのH/L入力はPINレジスタを読み出してビットをチェック
タイマ0	● 1kHz（1ms周期）割り込み ● CTCモードでOCR0Aを使ってコンペア割り込みで起動 ● 時間待ち処理と外付けA-Dコンバータの入力タイミング・チェックに使用
タイマ2	● 6.25kHz（160μs周期）割り込み ● 内部A-Dコンバータの変換開始を指令
内部A-D	● 変換クロックを250kHzに（デフォルトは125kHz）にして高速化 ● 54μsで変換が完了 ● 変換完了割り込みを有効にして，割り込み処理内でデータの読み出しと乗算および積算を行う

表1 ATmega328Pレジスタの操作

表2 校正データ(スケッチよりピックアップ)

種類	校正データ
出力電圧測定スケーリング・データ (外付けA-D ch0)	struct STCAL1 vt_scl 3383,2500, //X1(A-D),Y1(x.xxV) 整数1点校正，12ビットA-D→出力直流電圧
出力リプル電圧P-P値スケーリング・データ (外付けA-D ch1)	struct STCAL2 pp_scl 35,4, //X1(A-D),Y1(x.xxV) 4060,489, //X2,Y2 整数2点校正，12ビットA-D→出力リプル電圧
1次側電圧(RMS)スケーリング・データ (内部A-D ch0)	struct STCALF1 rmsv_sc 1287.0,100.0, //X1(A-D),Y1(xxxV) 浮動小数点1点校正，10ビットA-D→1次側電圧
1次側電流(RMS)スケーリング・データ (内部A-D ch1)	struct STCALF1 rmsa_scl 230.0,0.60, //X1(A-D),Y1(x.xxA) 浮動小数点1点校正，10ビットA-D→1次側電流
1次側電力(W)スケーリング・データ	struct STCALF1 wat_scl 66158.5,60.00, //X1(A-D),Y1(xx.xxW) 浮動小数点1点校正，A-D瞬時電力積算値→有効電力
定電流値スケーリング・データ (D-A)	struct STCAL2 da_scl 127,100, //X1(mA),Y1(D-A) 5214, 4000, //X2,Y2 整数2点校正，mA定電流値→12ビットD-A設定値
内部A-Dオフセット・データ	int adi_offset[] 4, //ch0 電圧入力 3, //ch1 電流入力 読み出したA-D値(±512)に加算してゼロ点補正する

けA-Dコンバータからは二つのバイナリ・データが出てきます．A-D変換処理の中で扱うデータは，高速化のためintあるいはlongの整数です．このデータを実単位の付いたデータ(VやA，VA，W)に直すのがスケーリング処理です．

ここで，スケッチの中にテーブルとして置いている校正データを使用します(表2)．実回路の誤差(基準電圧の精度や抵抗値，アンプの特性など)を踏まえて正しい値が出てくるように校正を行わなければならないためです．

校正データは整数を対象としたものと浮動小数点を対象としたものがあります．それぞれについて1点校正と2点校正があるので，4種類になります．1点校正はゼロはゼロとして処理し，2点校正は数値の2点間を直線補正します．

● 操作コマンド

Arduinoのシリアル・モニタを起動するとコマンド入力待ちになります．使用できるコマンドを表3に示します．コマンド種別を示す1文字を入力してEnterキーを押すと，測定あるいは校正のためのテスト・モードが始まります．

A-D値のテスト・モードとモニタ・モードでは，数字の入力でmA単位の負荷定電流値を設定できます．数字以外の文字記号の入力で定電流出力がON/OFFします．手動で負荷電流を変えて電圧や電流値をモニタできるわけです．Enterキーだけを入力すると処理を中断します．

● 測定の開始

回路につないだACアダプタの負荷テストの様子を図5に示します．

図5(a)は，負荷電流(開始電流，終了電流，増分)を入力して測定した様子です．

コマンドの「0」を入力して，負荷電流をmA単位で入力します．増分の入力が終わると測定が始まります．定電流負荷をONし，100msの安定待ちの後，300msかけて出力電圧や1次側電力を測定します．その後，結果を出力し，負荷電流を増分だけ上昇させます．この例では，終了電流＝1000mAと設定しましたが，1Aの手前で定電流制御エラーを検出して測定

表3 操作コマンドの種類

コマンド	説明
0	負荷電流(開始電流，終了電流，増分)を入力して測定開始
1	増分＝10mAで測定開始 ● 10mAステップで負荷電流を増加させながら測定を行う ● CC Err(定電流制御エラー)検出で測定を終わる ● 開始電流＝0mA，終了電流＝5000mA固定
2	増分＝20mAで測定開始
5	増分＝50mAで測定開始
A	外付けA-D値テスト・モード
I	内部A-D値テスト・モード
M	測定値モニタ・モード
D	D-Aデータ設定テスト・モード
C	電流値設定テスト・モード
S	1次側電圧電流波形記録指令

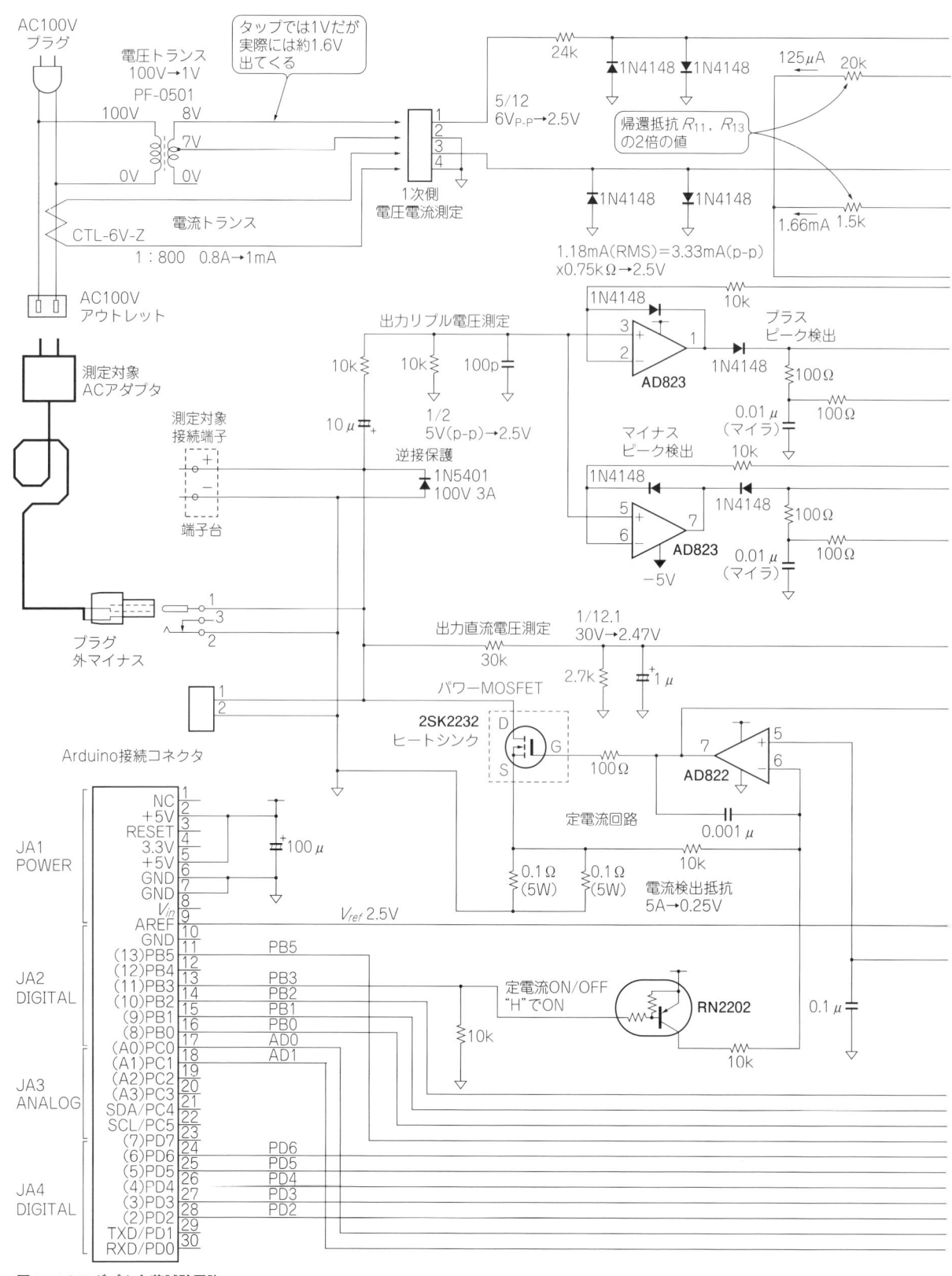

図4 ACアダプタ負荷試験回路

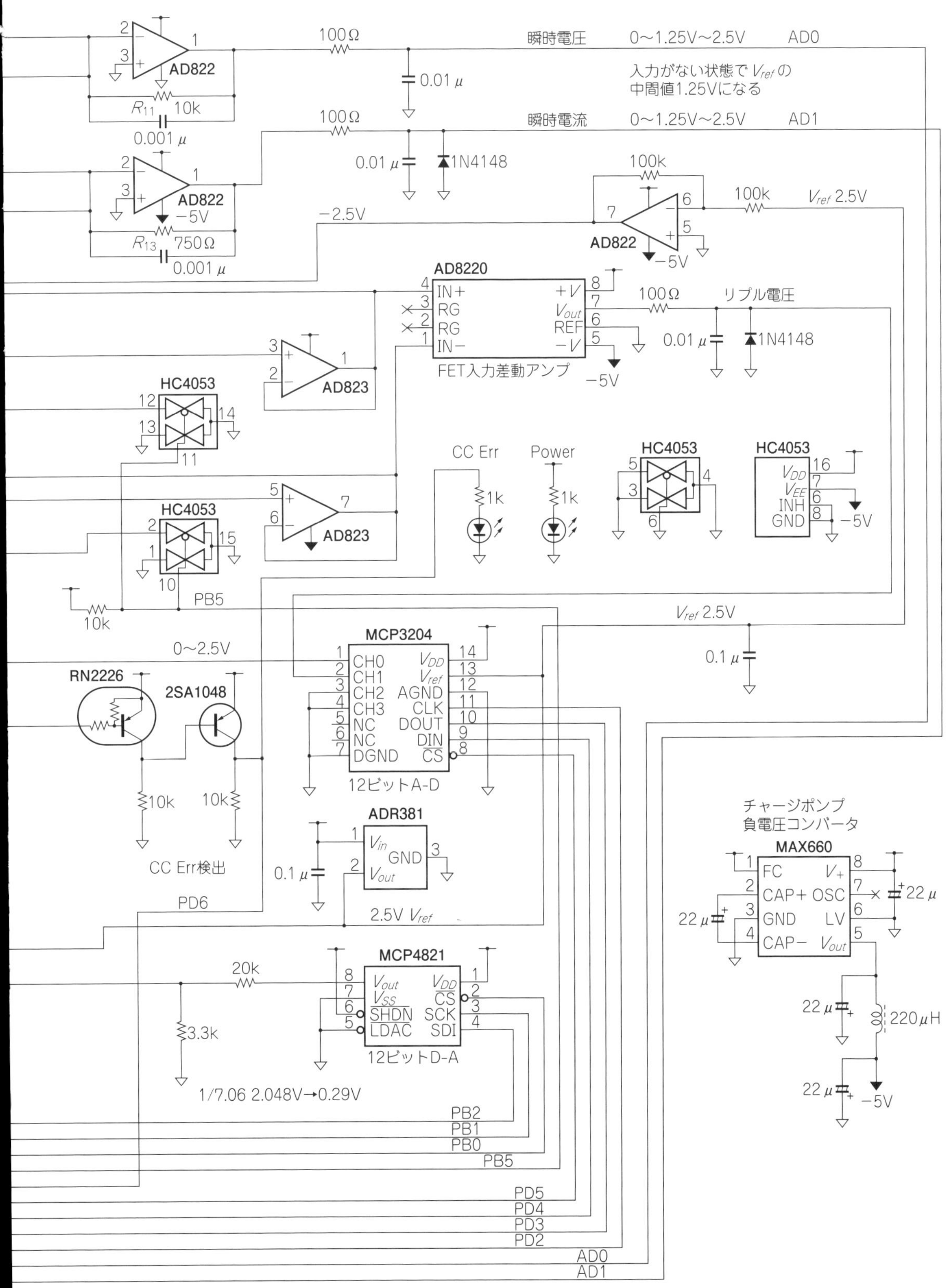
AD822
100Ω
瞬時電圧　0～1.25V～2.5V　AD0
入力がない状態で V_{ref} の中間値1.25Vになる
0.01 μ
R_{11} 10k
0.001 μ
瞬時電流　0～1.25V～2.5V　AD1
1N4148
AD822
−5V
R_{13} 750Ω
−2.5V
100k
V_{ref} 2.5V
AD8220
IN+
RG
IN−
+V
V_{out}
REF
−V
リプル電圧
FET入力差動アンプ
AD823
HC4053
CC Err
Power
1k
V_{DD}
V_{EE}
INH
GND
PB5
10k
MCP3204
0～2.5V
CH0
CH1
CH2
CH3
NC
DGND
AGND
CLK
DOUT
DIN
CS
12ビットA-D
RN2226
2SA1048
CC Err検出
ADR381
V_{in}
V_{out}
2.5V V_{ref}
0.1 μ
PD6
チャージポンプ負電圧コンバータ
MAX660
FC
CAP+
GND
CAP−
V_+
OSC
LV
22 μ
220μH
MCP4821
20k
3.3k
V_{SS}
SHDN
LDAC
SCK
SDI
12ビットD-A
1/7.06 2.048V→0.29V
PB2
PB1
PB0
PD5
PD4
PD3
PD2
AD0
AD1

gnuplotを使ったグラフ描画のヒント

● データ出力時の工夫

プロット・コマンドやデータの行頭に＃記号があると，その行はコメントとなります．今回のスケッチが出すデータ部以外のメッセージには＃を付加していて，大きな編集操作をしなくても描画データとして扱えるようにしています．

複数の測定データを一つのファイルにまとめたいときは，データ・ブロックを2行以上の空白行で分離します．そしてindexコマンドでデータ・ブロック（0から始まる）番号を指定すると，複数のデータが一つのグラフ枠内に描かれます．

● グラフ表示の際の工夫

グラフ化したいデータは負荷電流の変化に対する出力電圧と電力効率，リプル電圧の三つです．しかし，それぞれ異なる単位の数値です．そこで，グラフの左右に別の単位を割り振りました．左側のY1軸を電圧に，Y2軸（右側）を効率とリプルにしました．

ところで，効率の最大値は100％でリプル電圧の最大は5Vと，Y2軸二つのフルスケール値が異なります．リプルの値をそのまま使うと見づらくなってしまいます．そこで列データに対する演算機能を用います．例えばリプル値を10倍すると，最大5Vの値が50となり読みやすくなります．数値タイトルにx0.1 VやFS10Vなどとメモを入れ，読み間違えないように配慮しています．

測定点が少ないときなどグラフにギザギザが目立つときは，スプライン補間やベジェ曲線を指定するsmooth csplinesやsmooth bezierコマンドを使うと滑らかになります．

● 文字表示の際の注意

タイトル文字列に全角カタカナの「ソ」や漢字の「表」を使うと，2バイトのシフトJISコードの中に\(0x5C)が含まれているので文字化けします．この場合は，「ソ」や「表」の直後に\(半角)を挿入して対応します．

また，シフトJISコードに絡んで厄介な問題があります．A（全角）やチの2バイト目が0x60（`）となっていて，引用符と同じ扱いになってしまうのです．文字列が該当文字の直前で終端してしまい，全角文字との相性が良くありません．

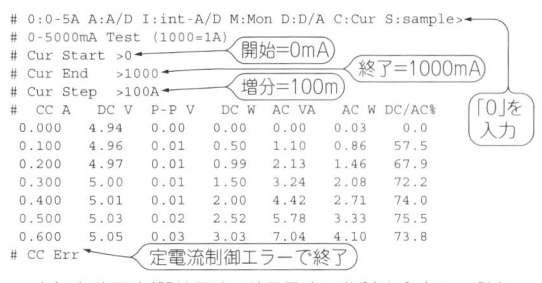

```
# 0:0-5A A:A/D I:int-A/D M:Mon D:D/A C:Cur S:sample>
# 0-5000mA Test (1000=1A)
# Cur Start  >0           開始=0mA
# Cur End    >1000        終了=1000mA
# Cur Step   >100A        増分=100m         「0」を
#   CC A    DC V   P-P V   DC W   AC VA   AC W   DC/AC%   入力
    0.000   4.94   0.00    0.00   0.00    0.03    0.0
    0.100   4.96   0.01    0.50   1.10    0.86   57.5
    0.200   4.97   0.01    0.99   2.13    1.46   67.9
    0.300   5.00   0.01    1.50   3.24    2.08   72.2
    0.400   5.01   0.01    2.00   4.42    2.71   74.0
    0.500   5.03   0.02    2.52   5.78    3.33   75.5
    0.600   5.03   0.03    3.03   7.04    4.10   73.5
# CC Err        定電流制御エラーで終了
```

（a）負荷電流（開始電流，終了電流，増分）を入力して測定

図5　測定の様子

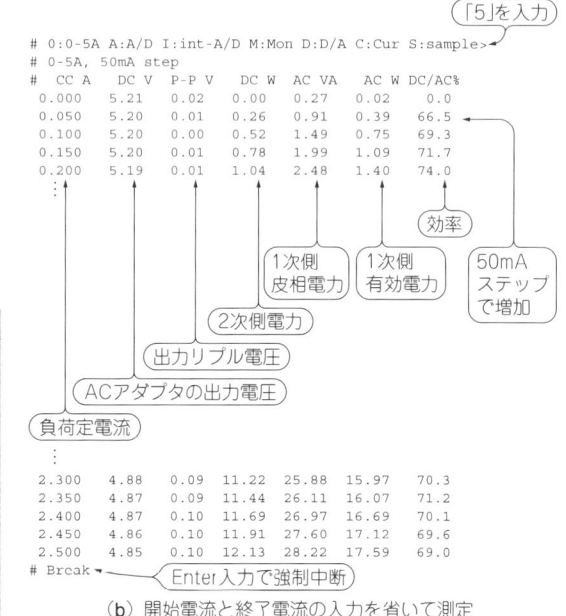

```
                                              「5」を入力
# 0:0-5A A:A/D I:int-A/D M:Mon D:D/A C:Cur S:sample>
# 0-5A, 50mA step
#   CC A    DC V   P-P V   DC W   AC VA   AC W   DC/AC%
    0.000   5.21   0.02    0.00   0.27    0.02    0.0
    0.050   5.20   0.01    0.26   0.91    0.39   66.5
    0.100   5.20   0.01    0.52   1.49    0.75   69.3
    0.150   5.20   0.01    0.78   1.99    1.09   71.7
    0.200   5.19   0.01    1.04   2.48    1.40   74.0
       :
       :
    2.300   4.88   0.09   11.22  25.88   15.97   70.3
    2.350   4.87   0.09   11.44  26.11   16.07   71.2
    2.400   4.87   0.10   11.69  26.97   16.69   70.1
    2.450   4.86   0.10   11.91  27.60   17.17   69.6
    2.500   4.85   0.10   12.13  28.22   17.59   69.0
# Break       Enter入力で強制中断
```

（1次側皮相電力／1次側有効電力／効率／50mAステップで増加／2次側電力／出力リプル電圧／ACアダプタの出力電圧／負荷定電流）

（b）開始電流と終了電流の入力を省いて測定

を終わっています．負荷電流0.6 Aを越えたところでACアダプタの保護回路が働いたのでしょう．

図5(b)は，開始電流と終了電流の入力を省いて測定を行った様子です．コマンド「5」を入力すると，開始電流＝0 A，終了電流＝5 Aとして測定を開始します．手動で中断させるか定電流エラーを検出するまで続行します．図では示していませんが，コマンドが「1」なら増分＝10 mA，「2」なら20 mAとなります．

● 校正の方法

校正は，図6のように外部回路をつないで行います．テスタとオシロスコープで読み取った値が真値になるように校正データを設定します．

元となるA-D値やD-A値はテスト・モードを使って確認します．校正データはソース・ファイルを直接書き換えて再コンパイルし，Arduinoに書き込みます．

1次側電圧電流のサンプリング・テストの例を図7に示します．

「S」コマンドで1次側瞬時電圧と瞬時電流A-D値

(a) D-Aコンバータの調整

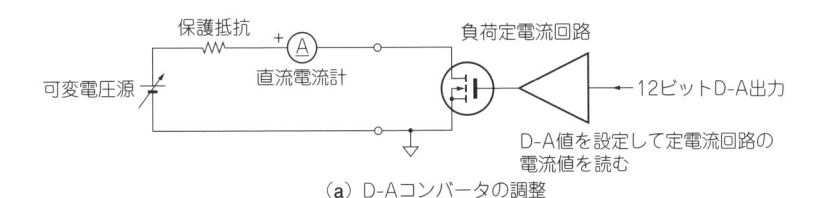

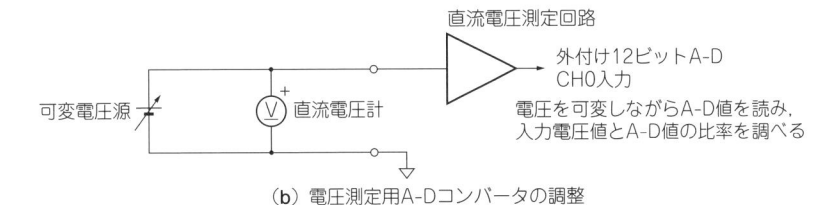

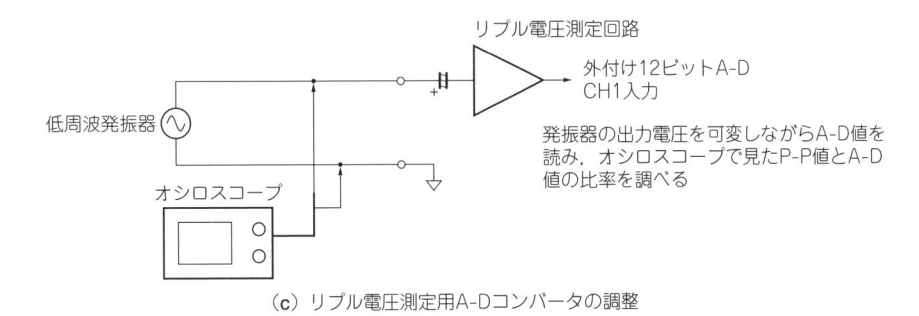

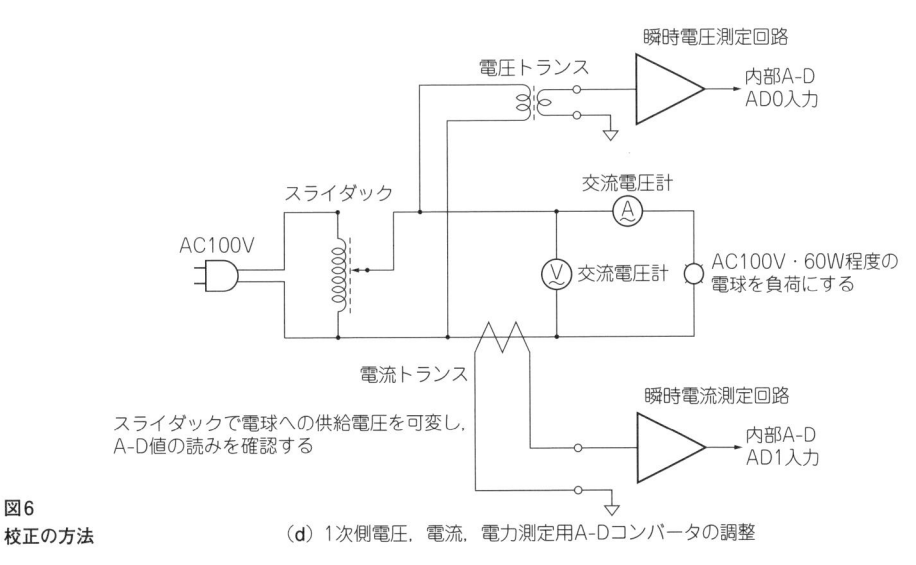

(b) 電圧測定用A-Dコンバータの調整

(c) リプル電圧測定用A-Dコンバータの調整

(d) 1次側電圧，電流，電力測定用A-Dコンバータの調整

図6
校正の方法

をサンプリングします．6.25 kHz = 0.16 ms間隔で140データ取り込むので，連続して22.4 msの間の波形を記録します．電源周波数が50 Hzだと1サイクルと1/8サイクル分となり，出力数値をグラフ化することで，1次側電源波形を観察できます．

● ACアダプタの特性の測定とグラフの作成

ACアダプタの特性の測定する場合，通常は「0」コマンドを使い測定電流範囲を設定して負荷電流変化に対する電圧変動やリプル電圧変化のデータを得ます．この設定が面倒なときは「5」コマンドを使えば簡単です．50 mAステップ電流を増やしながら定電流エラーが発生するまで測定を続けてくれます．

グラフを作成する際には，シリアル・モニタ画面に出てきた測定値をコピー＆ペーストしてテキスト・ファイルに保存し，そのファイルをgnuplotでグラフ化します（コラム「gnuplotを使ったグラフ描画のヒント」参照）．

```
# 0:0-5A A:A/D I:int-A/D M:Mon D:D/A C:Cur S:sample>
# A/D sample test
# Cur 0-5000mA, Ent:end >
#1000mA
     0    -87    -14
     1    -59    -15
     2    -30    -15
     3     -2    -15
     4     26    -15
     :      :      :
   136    394    130
   137    395    130
   138    395    130
   139    395    129
```
（「s」を入力）
（「1000」Enterで1000mA）
（左からデータ番号，電圧A-D値，電流A-D値 ±512の10ビット・データ）
（0〜139の140データを出力して終了）

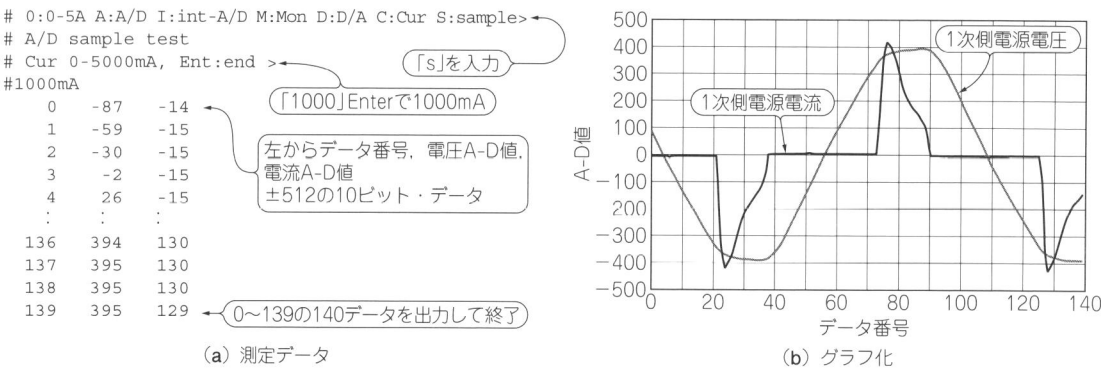

(a) 測定データ

(b) グラフ化

図7 1次側電圧電流のサンプリング・テストの様子

グラフ凡例: 1次側電源電圧, 1次側電源電流

写真3 トランス方式ACアダプタ（12 V，1 A）

```
# 0:0-5A A:A/D I:int-A/D M:Mon D:D/A C:Cur S:sample> … [0] Enter
# 0-5000mA Test (1000=1A)
# Cur Start >0        …測定開始電流(mA単位で)
# Cur End   >1500     …測定終了電流
# Cur Step  >100      …電流増加分
# CC A   DC V   P-P V   DC W    AC VA   AC W   DC/AC%
  0.000  16.95   0.01    0.00    3.17   0.81    0.0
  0.100  15.98   0.78    1.60    4.29   2.54   62.9
  0.200  15.43   0.74    3.09    5.96   4.27   72.2
  0.300  14.93   0.93    4.48    7.76   5.98   74.9
  0.400  14.48   1.15    5.79    9.53   7.61   76.1
  0.500  14.03   1.36    7.01   11.41   9.35   75.0
  0.600  13.63   1.57    8.18   13.25  11.06   74.0
  0.700  13.23   1.78    9.26   15.04  12.73   72.7
  0.800  12.84   1.95   10.27   16.75  14.33   71.7
  0.900  12.46   2.15   11.21   18.60  16.08   69.8
  1.000  12.12   2.33   12.12   20.30  17.70   68.5
  1.100  11.76   2.51   12.94   21.93  19.25   67.2
  1.200  11.42   2.69   13.70   23.62  20.89   65.6
  1.300  11.08   2.85   14.40   25.31  22.54   63.9
  1.400  10.76   3.00   15.06   26.92  24.12   62.5
  1.500  10.44   3.17   15.66   28.48  25.66   61.0
```

図8 トランス方式ACアダプタ（12 V，1 A）の測定データ

リスト1 グラフ化のためのプロット・コマンド

```
set term wxt 0                          # 画面モード
set title "12V1A トランス方式ACアダプタ"    # タイトル
set ytics nomirror                      # 目盛線はY1軸(左側)だけ
set y2tics                              # 右側に第二Y軸を
set grid                                # グリッド描画で
set xrange [0:1.5]                      # X軸範囲 0〜1.5A
set yrange [8.0:18.0]                   # Y1軸(左)目盛 8〜18V
set y2range [0.0:100]                   # Y2軸(右) 0〜100%
set xlabel "負荷電流 (A)"                # X軸タイトル
set ylabel "出力電圧 (V)"                # Y1軸タイトル
set y2label "効率 (%) とリップル (x0.1V FS:10V)"  # Y2軸タイトル
set xtics format "%.1f"                 # 目盛数値は小数点1桁で
set ytics format "%.1f"
set xtics 0.2                           # X軸スケールは0.2Aきざみ
set ytics 1.0                           # Y1軸 1.0Vきざみ
set y2tics 10.0                         # Y2軸 10%きざみ
set key right top                       # 線区分タイトル位置
plot "12V.txt" using 1:2 with lines lw 2 ti "出力電圧",\
     "12V.txt" using 1:7 with lines lw 2 ti "効率(DCW/ACW)" axes x1y2,\
     "12V.txt" using 1:(10*($3)) with lines lw 2 ti "リップル" axes x1y2
# using m:n はX軸データとY軸データの列位置を示す
# lwは線幅指定  2で少し太くなる
# axes x1y2 はY2軸目盛を使う指定
# フルスケール100に合わせ (10*($3)) で3列目データに10を乗じている
# ,\で行替え
```

さまざまなACアダプタを調べてみる

さまざまなACアダプタの特性を調べてみました．AC100 Vをトランスで降圧して整流・平滑する単純なものや，スイッチング電源回路が使われているものなど，回路構成も異なります．

● トランス方式ACアダプタの測定

トランス方式のACアダプタの測定では，定格の1.5倍ほどの電流で停止するようにしています．

- 12 V以上出力 3種類（図9，写真4）
- 9 V出力 3種類（図10，写真5）
- 7.5 V出力（図11，写真6）
- 6 V出力（図12，写真7）
- 4.5 V出力（図13）

12 V，1 A定格のトランス方式ACアダプタ（写真3）を測定した結果を図8に示します．100 mAステップで1.5 Aまでのデータを得ました．これをプロット・コマンド（リスト1）でグラフにしたのが，冒頭で示した図1です．

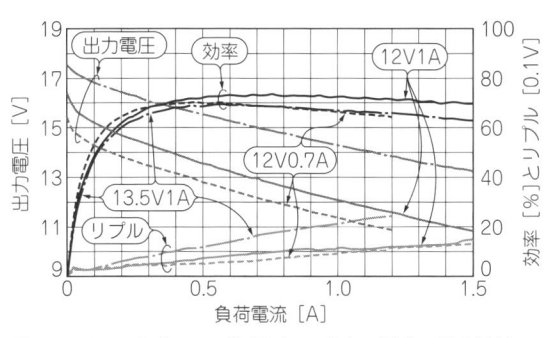

図9 トランス方式ACアダプタ(12 V出力3種類)の測定結果

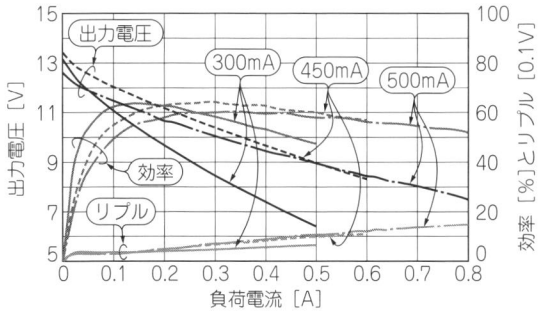

図10 トランス方式ACアダプタ(9 V出力3種類)の測定結果

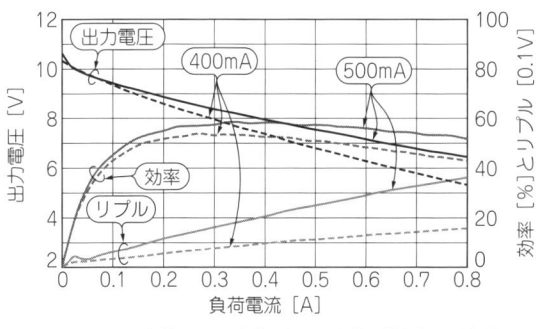

図11 トランス方式ACアダプタ(7.5 V出力2種類)の測定結果

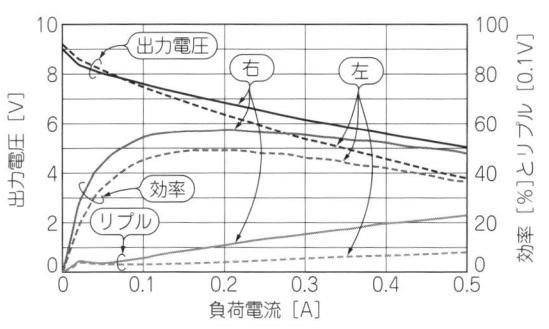

図12 トランス方式ACアダプタ(6 V出力2種類)の測定結果

写真4 トランス方式ACアダプタ(12 V以上出力3種類)
左から12 V1 A, 12 V0.7 A, 13.5 V1 A.

写真5 トランス方式ACアダプタ(9 V出力3種類)
左から500 mA, 300 mA, 450 mA.

写真6 トランス方式ACアダプタ(7.5 V出力2種類)
左から400 mA, 500 mA.

写真7 トランス方式ACアダプタ(6 V出力2種類)
両方とも300 mA. 小さい方がドロップが大きい.

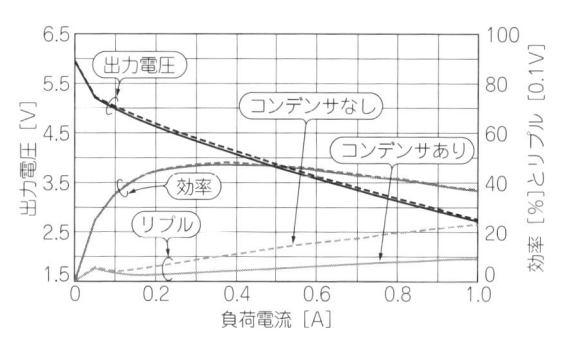

図13 電圧降下が大きな4.5V出力ACアダプタ

写真8 電圧降下が大きなACアダプタの内部
4本のダイオードでブリッジが組まれている．

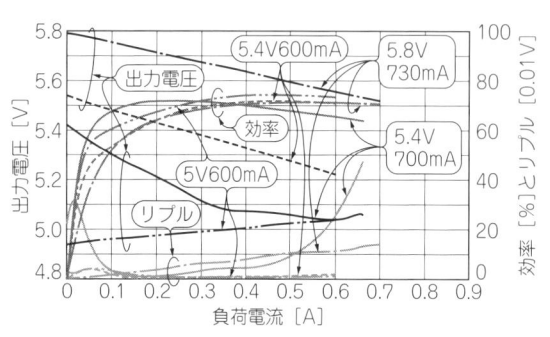

図14 携帯電話充電用ACアダプタ(4種類)の測定結果

写真9 携帯電話充電用ACアダプタ(4種類) 左から5.4 V600 mA, 5.8 V730 mA, 5.4 V700 mA, 5 V600 mA.

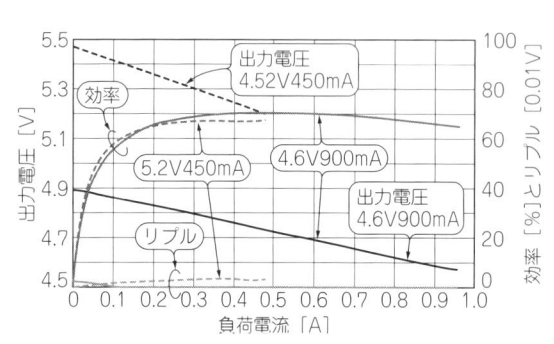

図15 ゲーム機用ACアダプタ(2種類)の測定結果

写真10 ゲーム機用ACアダプタ(2種類)
左から5.2 V450 mA, 4.6 V900 mA.

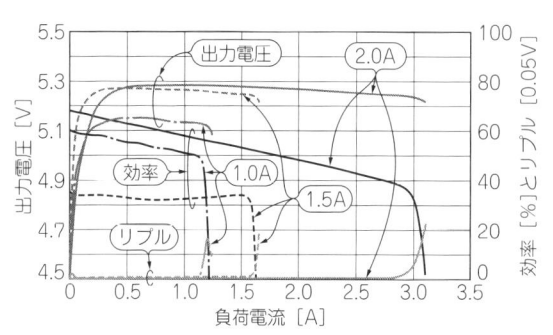

図16 USB出力のACアダプタ(3種類)の測定結果
写真11の一番左と左から3番目の測定結果は図2の通り．

写真11 USB出力のACアダプタ(5種類)
左から1 A(旧), 2 A, 1 A(新), 1.5 A, 1 A.

トランス方式ACアダプタのノイズ対策

ブリッジを使った整流回路では，ダイオードへの電圧印加が逆転するタイミングでノイズが出ることがあります．整流ノイズとか転流ノイズと呼ばれ，電源周波数の倍に同期してノイズが出てきます．

高周波となったこのノイズが，AC100V側に逆流したり接続コードから輻射され，主としてAMラジオの受信に影響を与えます．リプルによるハム音とは異なった，ジーという音が放送に重なって聞こえます．整流回路に流れる電流が大きいほど顕著になり，例えばダイオードの定格最大電流が1Aだからと，定格目いっぱいの直流出力1Aを得ようとしたときにひどくなります．

図Aのように，1000 pF～0.01 μFのコンデンサを整流ダイオードに並列接続して対策します．不思議と半波整流回路ではひどくなりません．ACアダプタだけでなく，トランスを使った電源を装置内に組み込むときも注意が必要です．電流定格に余裕のあるダイオードを用いましょう．

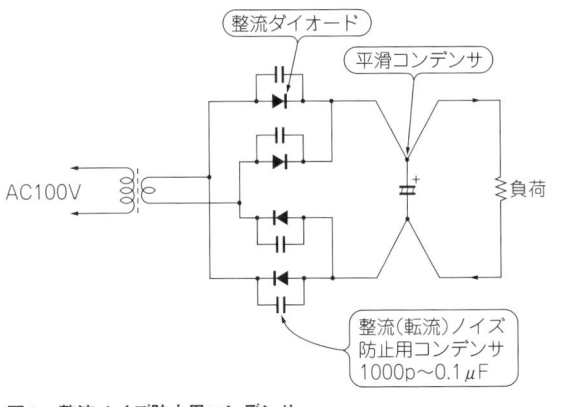

図A　整流ノイズ防止用コンデンサ

図13は4.5 V，700 mA定格のACアダプタの測定結果です．定格通りの出力が得られていません．出力に2700 μFのコンデンサを付加するとリプルは半減しました．しかし，電圧降下は改善されません．出力電圧が低いアダプタでは整流ダイオードの順方向電圧が効いてきます．このアダプタの実測値では，負荷電流0.7 Aで電圧が3.4 Vとなっています．ダイオード二つ分の1.4 Vを加えると4.8 Vとなり，定格電圧に近くなります．ひょっとするとトランス巻線の設計を誤っているのかもしれません．

そこで解体して中を確認してみました（**写真8**）．1 Aクラスのダイオード4本でブリッジが組まれていました．どうやら推測が当たっていそうです．でも，ダイオードに0.01 μFのセラミック・コンデンサが並列接続されていて（転流ノイズ防止用）これには好感が持てます（コラム「トランス方式ACアダプタのノイズ対策」参照）．

リプル分は接続先回路の電源ラインに入った電解コンデンサで低減できますが，電圧降下はACアダプタから出ているコードの長さや，接続プラグ・ジャック部の状態も関係してきます．電流値により大きな電圧変動が生じるので，3端子レギュレータを使って安定化する場合でも注意が必要です．

● スイッチング電源方式ACアダプタの測定

ACアダプタがスイッチング電源方式になって，小型化と大容量化が進みました．また，電圧の安定度も良くなり，リプル電圧も小さく，入力電圧範囲も100～240 V対応品が多くなり便利になりました．

4種類の携帯電話充電用ACアダプタ（**写真9**）を測定した結果が**図14**です．1000 mAhクラスのリチウム・イオン電池を充電するためのものです．定電流制御異常が発生するまで負荷電流を20 mAステップで増加させました．負荷電流が定格電流付近になると保護回路が働いて電圧が下がり，定電流制御異常が起こります．そこで測定が止まります．

ゲーム機用のACアダプタ（**写真10**）の測定結果が**図15**です．この2種では，過電流で保護回路が働き出力がOFFしたあと，無負荷に戻しても自動復帰しませんでした．他のアダプタでは負荷を軽くすると再び出力が出てきますが，これらは100 Vの供給電源を切らないと（アダプタをコンセントから抜く）復帰しないのです．万一の場合の安全が考えられているようです．

最近多くなってきたUSBコネクタ出力のACアダプタ（**写真11**）を試したのが**図16**です．USBコネクタ出力ですので定格電圧は5 Vです．この中には定格2 Aと記されているいるのに3 Aほど流れないと電流制限が働かないものがありました．

ACアダプタの内部回路

● トランス方式

　トランス方式のACアダプタの内部回路を示します．基本となる回路は，図B(a)のように，AC100Vの電圧を下げるための電源トランスと整流用ブリッジ・ダイオード，平滑用の電解コンデンサで構成されます．

　部品を減らすために，ダイオードを一つだけにした回路が図B(b)です．図B(a)と比べると，使っていない片波の部分で電圧が落ち込みます．このため，リプルが大きくなります．

　図B(c)はセンタ・タップ付きトランスを使った両波整流回路です．正負どちらのサイクルでも，負荷電流はダイオード一つしか通りません．図B(a)だと，ダイオードを二つ通ることになるので，ダイオードによる電圧降下が大きくなります．ダイオード一つ分でも電圧降下を避けたいという場面で使われます．

　図B(d)はアダプタ内の平滑コンデンサを省いた回路です．整流ダイオードだけを残し，平滑は接続先の回路でという考え方です．コンデンサの大きさの分だけACアダプタを小さくできます．アダプタ単体では脈流になりますが，機器につなぐと平滑された波形になります．

　整流回路も平滑回路もアダプタ内に入っていない，トランスだけのもACアダプタと呼ばれています．図B(e)のような回路を使って，機器側で正負電源を作ります．昔，電話回線用モデムのアダプタで使われていました．間違って別の装置に使うと大ごとです．

　トランス方式のACアダプタでは，トランスによって出力電圧と電流が決まります．このため，大電力を得るとなると，大変重くなってしまいます．例えば，12V，0.5Aなら300gくらい，12V，1Aなら600gほどの重さのトランスを使わなければなりません．また，負荷電流や入力のAC100V電圧が変化すると，出力直流電圧やリプル分が変動します．トランス方式でこれを避けるには，出力に3端子レギュレータなどをつなぎ，安定化しなければなりません．この不便さから，トランスを小さくできるスイッチング方式ACアダプタが普及し始めました．

● スイッチング方式

　図Cはスイッチング方式ACアダプタの構成図です．AC100V入力を整流平滑して直流140Vを得ます．これを高周波でスイッチングしてトランスからエネルギーを取り出します．ダイオードで整流，コンデンサで平滑という2次側部分，大きな違いは周波数です．1000倍以上も高くなっています．このためにトランスが小型軽量化できるのです．

　スイッチング方式では，駆動パルス幅を変化させたり繰り返し周期を変えたりして，出力電圧を一定に保ちます．また，付加回路として，過電流や過電圧に対する保護回路を装備し，安全面でも配慮されています．ただ，回路の原理上，高周波ノイズが大きく，AC100V側へノイズが漏れ出さないよう，ノイズ・フィルタが装備されています（安価なアダプタでは省かれていることもある）．

　もう一つの問題がコンデンサの寿命です．高周波でスイッチングする関係からコンデンサに負担がかかり，思いのほか早く寿命が来てしまうのです．トランス方式では10年も20年も大丈夫なのに，スイッチング方式だと数年でアウトとなり，電源が先に故障して装置全体が使えなくなるというトラブルに出会います．

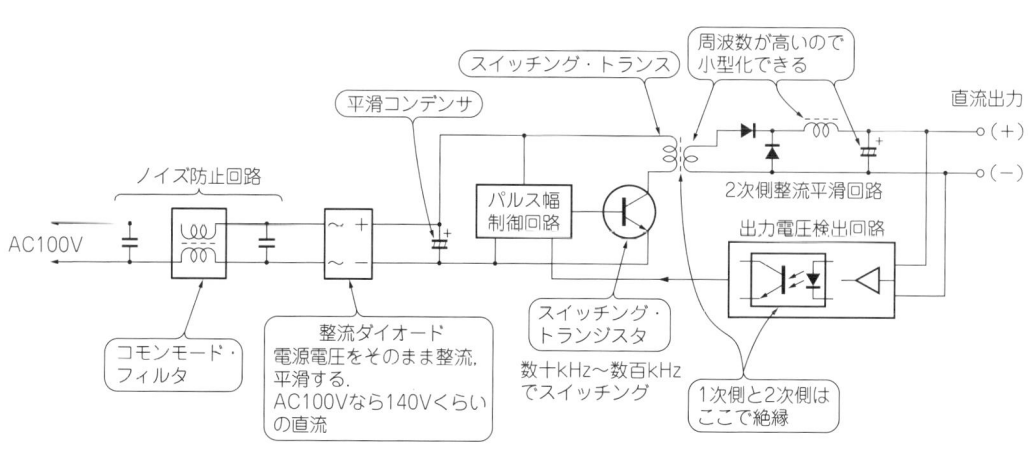

図C　スイッチング式ACアダプタの基本回路

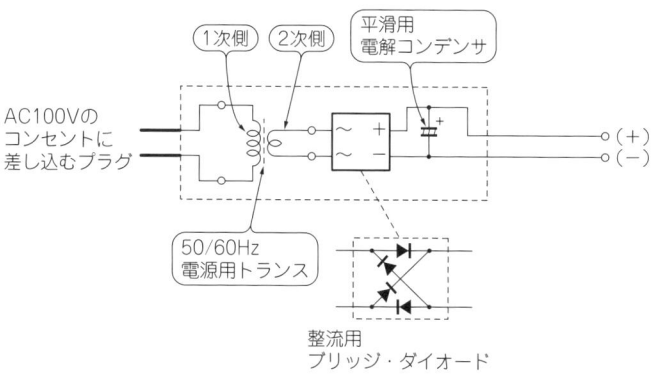

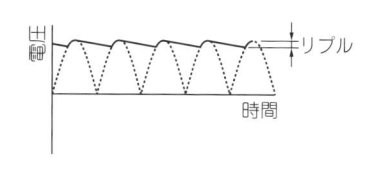

(a) オーソドックスなACアダプタ

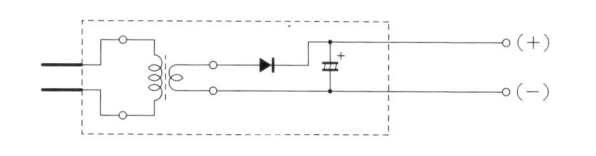

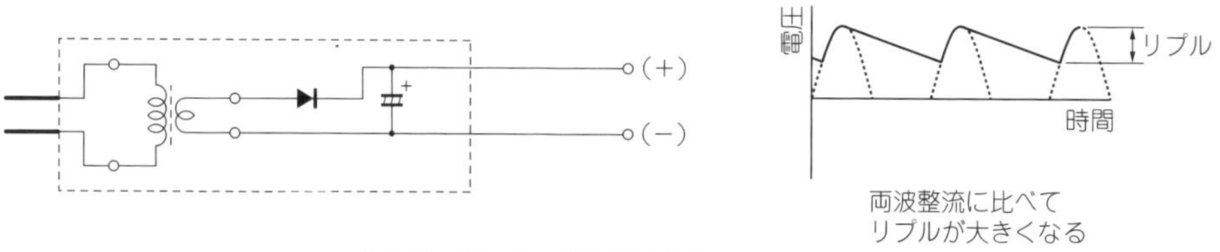

- AC100Vのコンセントに差し込むプラグ
- 1次側
- 2次側
- 平滑用電解コンデンサ
- 50/60Hz電源用トランス
- 整流用ブリッジ・ダイオード
- リプル
- 電圧
- 時間

(b) 単一ダイオードで半波整流

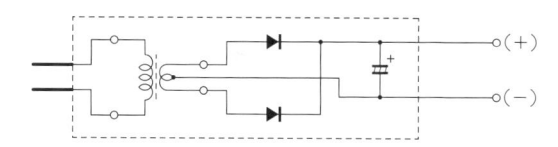

両波整流に比べてリプルが大きくなる

(c) センタ・タップ付きトランスで両波整流

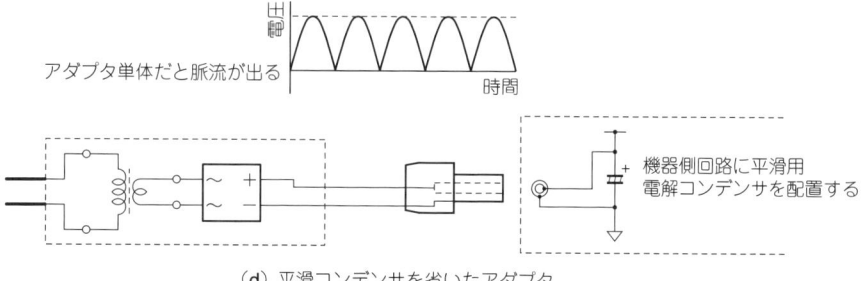

ダイオードの通過点が一つになるので，ブリッジ・ダイオードを使った整流回路に比べて電圧降下が小さくなる．電圧が低いときに有利

(d) 平滑コンデンサを省いたアダプタ

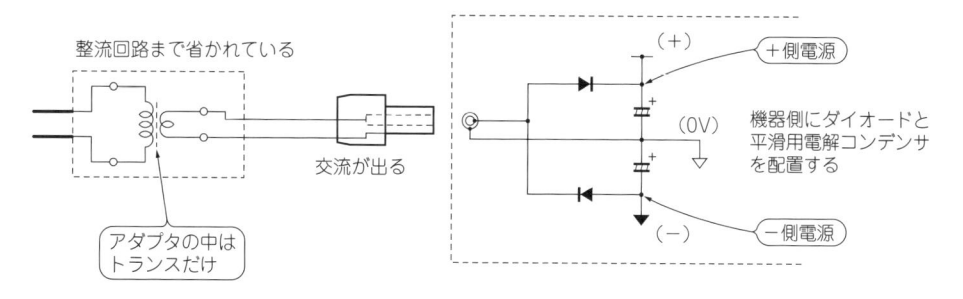

アダプタ単体だと脈流が出る

機器側回路に平滑用電解コンデンサを配置する

(e) アナログ回路用正負電源を得るために交流で出力するアダプタ

- 整流回路まで省かれている
- 交流が出る
- アダプタの中はトランスだけ
- (+) +側電源
- (0V)
- (−) −側電源
- 機器側にダイオードと平滑用電解コンデンサを配置する

図B　トランス式ACアダプタの基本回路

第3章 電子工作の基礎

部品の知識と製作のノウハウ
下間 憲行

　ここでは，電子工作をするのに必要なさまざまな知識について解説している記事を集めています(**表1**)．具体的な製作事例は，第4章以降で紹介しています．

　表面実装部品が増えてきた現在でも，電子工作では手はんだによる作業が主流です．電子工作に不可欠なはんだ付けに用いるさまざまな道具や表面実装部品の扱いに関するノウハウ，狭ピッチICをはんだ付けするときのちょっとしたコツ，チップ部品の取り外し方法などを知っておく必要があります．また，プリント基板の設計・製造についての解説もあります．

　抵抗・コイル・コンデンサなどの受動素子とトランジスタのほか，話題のデバイスやマイコン，そしてそれらの開発ツールの紹介記事もここでまとめています．

表1 電子工作の基礎に関する記事の一覧(複数に分類される記事は，他の章で概要を紹介している場合がある)

記事タイトル	掲載号	ページ数	PDFファイル名
高性能OPアンプ	トランジスタ技術 2001年3月号	19	2001_03_198.pdf
エレクトロニクスの基礎の基礎	トランジスタ技術 2002年4月号	10	2002_04_231.pdf
表面実装部品取り外しキットSMD-21	トランジスタ技術 2002年5月号	2	2002_05_272.pdf
プリント基板CAD"PCBE"の使い方とプリント基板の作り方	トランジスタ技術 2002年11月号	8	2002_11_196.pdf
EAGLEの概要と回路図の描き方	トランジスタ技術 2003年3月号	8	2003_03_247.pdf
部品ライブラリの作成と回路図の完成	トランジスタ技術 2003年4月号	9	2003_04_245.pdf
ボード・エディタの使い方と自動配線	トランジスタ技術 2003年5月号	10	2003_05_223.pdf
CAMデータの作成法とULP	トランジスタ技術 2003年6月号	8	2003_06_238.pdf
部品を乗せる土台「蛇の目基板」	トランジスタ技術 2005年8月号	3	2005_08_257.pdf
多目的ミノムシ・クリップ	トランジスタ技術 2005年8月号	1	2005_08_268.pdf
はんだ付け用の道具類	トランジスタ技術 2005年9月号	3	2005_09_265.pdf
はんだ付けの作法	トランジスタ技術 2005年10月号	3	2005_10_281.pdf
HC908Qの概要とCodeWarrior対応プログラマの製作	トランジスタ技術 2005年11月号	7	2005_11_262.pdf
実装済み部品の外しかた	トランジスタ技術 2005年11月号	3	2005_11_273.pdf
チップ部品や狭ピッチ多ピンICのはんだ付け	トランジスタ技術 2005年12月号	3	2005_12_265.pdf
ピッチ変換に最適！シール基板	トランジスタ技術 2006年1月号	3	2006_01_269.pdf
手作り回路における線材の使いこなし	トランジスタ技術 2006年2月号	3	2006_02_269.pdf
部品や線材をつかんだり切断する工具	トランジスタ技術 2006年3月号	3	2006_03_273.pdf
竹串の利用法と小さな部品をつかむ工具	トランジスタ技術 2006年4月号	3	2006_04_282.pdf
低消費電力マイコンMSP430F2013とその評価ツール	トランジスタ技術 2006年5月号	8	2006_05_213.pdf
手と目をサポートする治具	トランジスタ技術 2006年5月号	3	2006_05_282.pdf

記事タイトル	掲載号	ページ数	PDFファイル名
微弱電波受信IC MAX7042	トランジスタ技術 2007年5月号	7	2007_05_233.pdf
鉛フリーはんだ付けの極意	トランジスタ技術 2009年11月号	1	2009_11_167.pdf
165μA/MHzの低消費電力マイコンMSP430F5x	トランジスタ技術 2009年1月号	6	2009_01_214.pdf
鉛フリーはんだ付けの極意	トランジスタ技術 2009年11月号	1	2009_11_167.pdf
7CH同時サンプル！低消費電力！MSP430F47177	トランジスタ技術 2010年6月号	6	2010_06_147.pdf
代替が利く汎用小信号チップ・トランジスタを調査	トランジスタ技術 2010年9月号	1	2010_09_213.pdf
世界のアキバから〜タイ・バンコク編〜	トランジスタ技術 2010年11月号	2	2010_11_218.pdf

エレクトロニクスの基礎の基礎

（トランジスタ技術 2002年4月号） **10ページ**

　回路図とは何かから，電気の基本であるオームの法則，そして回路を構成する抵抗，コンデンサ，コイル，ダイオード，トランジスタの働きを解説しています．測定器としてオシロスコープとスペクトラム・アナライザを説明しています．

代替が利く汎用小信号チップ・トランジスタを調査

（トランジスタ技術 2010年9月号） **1ページ**

　超定番の2SC1815/2SA1015トランジスタの代替品をSC-59，SC-70パッケージの表面実装品から選びます．

表面実装部品取り外しキット SMD-21

（トランジスタ技術 2002年5月号） **2ページ**

　サンハヤトの表面実装部品取り外しキットSMD-21の試用記です．このキットは，特殊はんだとはんだ吸い取り線，シリンジに入った専用フラックスがセットになっています(**写真1**)．

　融点の低い特殊はんだが，基板と部品に付いているはんだと混じり合うことで，全体としての融点が下がります．このはんだが固まる前に部品を取り外す仕組みです．

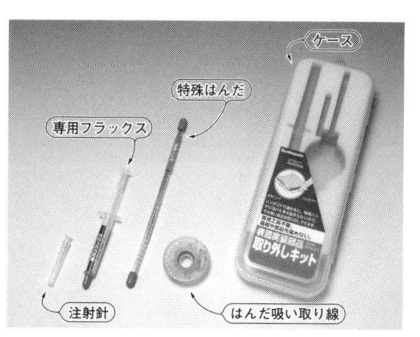

写真1　SMD-21の内容物

鉛フリーはんだ付けの極意

(トランジスタ技術 2009年11月号)　**1ページ**

　鉛フリーはんだは融点が高いだけでなく，接着したいものになじむ「ぬれ性」が悪くなっています．

　この記事では，鉛フリーはんだを使ってうまくはんだ付けする方法を解説しています(**写真2**)．

(a) 鉛はんだでは有効だった方法
(b) 鉛フリーはんだでも有効な方法 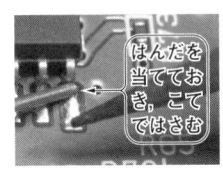

写真2　鉛フリーはんだのはんだ付け方法

多目的ミノムシ・クリップ

(トランジスタ技術 2005年8月号)　**1ページ**

　工作途中の実験でよく使うミノムシ・クリップをより活用するためのアイデアが紹介されています．

　クリップの先のリード線にピン・ヘッダ用コネクタを付けて，抵抗やコンデンサなどのリード付き部品を差し込んだり，基板に立てたテスト・ピンにつないだりできるというものです(**写真3**)．ヒューズ素子を使って電流制限機能を実現する方法も紹介されています．

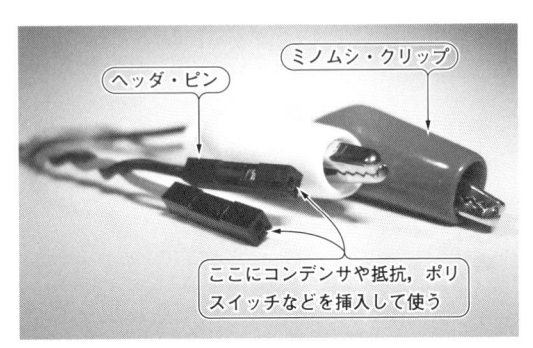

写真3　多目的ミノムシ・クリップ

連載 PCBレイアウト・エディタ"EAGLE"の使い方

(トランジスタ技術 2003年3月号～6月号)　**全35ページ**

- EAGLEの概要と回路図の描き方
  (3月号，8ページ)
- 部品ライブラリの作成と回路図の完成
  (4月号，9ページ)
- ボード・エディタの使い方と自動配線
  (5月号，10ページ)
- CAMデータの作成法とULP(6月号，8ページ)

　プリント基板パターン作成CAD"EAGLE"を用いて，回路図の入力から部品データの作成，基板への部品配置やパターンのレイアウトを体験する連載です．最後に，基板製造会社への発注作業に必要な知識を解説しています．実際に完成した基板も紹介されています(**写真8**)．

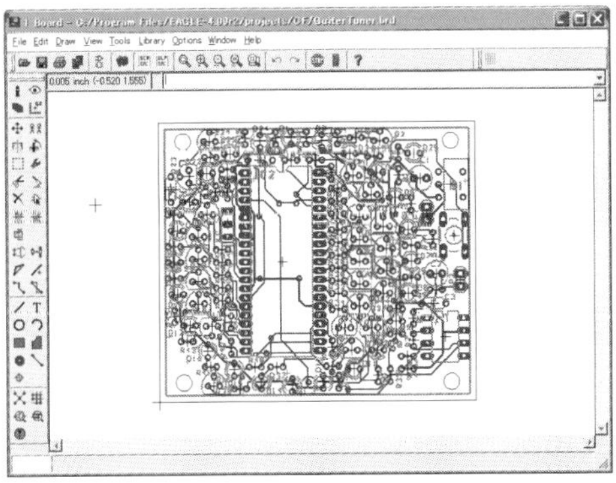

(a) プリント基板設計ツールの画面
(b) 完成したプリント基板 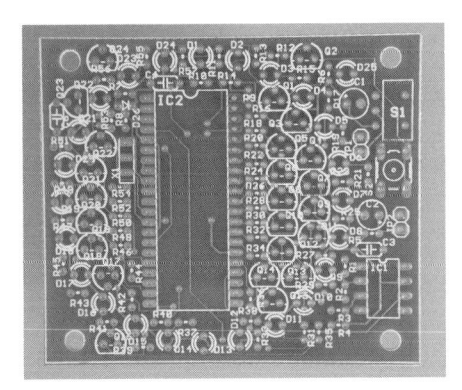

写真8　プリント基板を作る

連載 できる！表面実装時代の電子工作術

（トランジスタ技術 2005年8月号〜2006年5月号）

全30ページ

- 部品を乗せる土台「蛇の目基板」
  （2005年8月号，3ページ）

  電子回路を自作するときの必需品，ユニバーサル基板の解説です．記事では「蛇の目基板」と呼んでいます．幾つかの市販品の様子（材質などの特徴）と，所望の大きさに切断する方法が紹介されています．

- はんだ付け用の道具類
  （2005年9月号，3ページ）

  電子回路工作にはいろいろな道具が必要です．ここでは，確実なはんだ付けのためのはんだごてとこて先の選び方のほか，はんだ，フラックス，クリーナ付きのこて台などについて解説しています（写真4）．

- はんだ付けの作法（2005年10月号，3ページ）

  天ぷらはんだやいもはんだなど，はんだ付けの失敗例を見せながら，上達のコツを伝授しています（写真5）．試作や実験を成功するには確実なはんだ付け技能が要求されます．

- 実装済み部品の外しかた
  （2005年11月号，3ページ）

  表面実装部品が使われた基板から部品を外すテクニックを紹介しています．はんだ吸い取り線とはんだ吸い取り器，そして低温はんだを用いた部品取り外しキットの用例が示されています（写真6）．

- チップ部品や狭ピッチ多ピンICのはんだ付け
  （2005年12月号，3ページ）

  チップ部品のはんだ付けと1.28 mmや0.65 mmピッチICのはんだ付け方法の解説です．100ピン0.5 mmピッチIC回路を修正する作業の話は涙を誘います．

- ピッチ変換に最適！シール基板
  （2006年1月号，3ページ）

  シート状ピッチ変換基板の紹介です．シール基板と記されていますが糊は付いていません．複合ダイオードやトランジスタで使われる3ピンのSC-59パッケージやさらに小さなSC-70，シングルOPアンプなどで使われる5ピンの足が出たSOT23-5パッケージなどに対応しています．

- 手作り回路における線材の使いこなし
  （2006年2月号，3ページ）

  電子回路工作で使う電線の話です．線材の皮をむくワイヤ・ストリッパの使い方や予備はんだの方法，AWG番号と線材太さ（断面積）の関係や，線材抵抗による電圧降下が述べられています．

- 部品や線材をつかんだり切断する工具
  （2006年3月号，3ページ）

  電子回路工作に必須な工具として，ニッパ，ラジオ・ペンチ，線材の被覆をむくためのワイヤ・ストリッパ，ピンセットを解説しています．

- 竹串の利用法と小さな部品をつかむ工具
  （2006年4月号，3ページ）

  竹串を使ったスルー・ホールの補修やはんだブリッジの除去法の紹介です．ピックアップ・ツールとバキューム・ピックを使っての作業例が示されています．

- 手と目をサポートする治具
  （2006年5月号，3ページ）

  製作途中の手組み基板を支えるために，さまざまな治具を活用します（写真7）．老いた目にはルーペなどの拡大鏡も必要です．極小チップ部品をつかめるピンセットを，竹串を使って自作するアイデアは秀逸です．

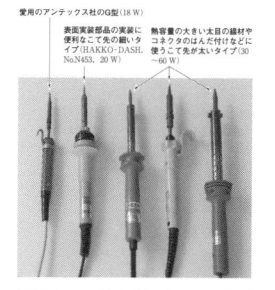

写真4 はんだごての選び方

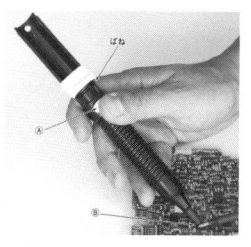

写真5 表面実装部品のはんだ付け

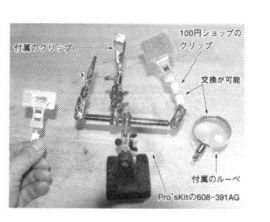

写真6 はんだ吸い取り器を使った部品の取り外し

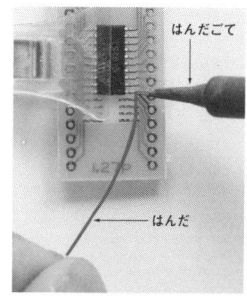

写真7 基板や部品を固定する治具

プリント基板CAD"PCBE"の使い方とプリント基板の作り方

(トランジスタ技術 2002年11月号) **8ページ**

プリント基板作成支援CADツールPCBEの使用例です．パソコンを使った基板パターンの作画から，版下のプリント出力，感光基板のエッチング，穴開けから仕上げまで，実際にプリント基板が出来上がるまでの作業を説明しています(**写真9**)．

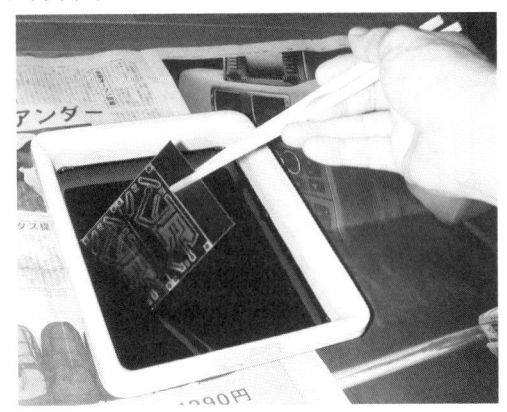

写真9 感光基板のエッチング

低消費電力マイコンMSP430 F2013とその評価ツール

(トランジスタ技術 2006年5月号) **8ページ**

Texas Instruments社のMSP430マイコン開発キットeZ430-F2013(**写真11**)の使用例と，キットに搭載されているSP430F2013マイコンの特徴を解説しています．

低消費電力ながら，16 MHzの内蔵クロックで高速動作(16 MIPS)するマイコンです．可変利得の差動入力アンプと内蔵リファレンス電圧，そして16ビット分解能のA-Dコンバータがアナログ処理に向いています．

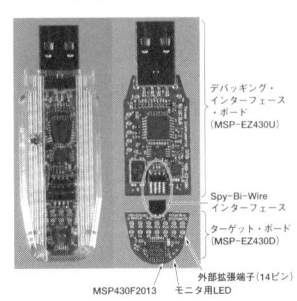

写真11 MSP430マイコン開発キットeZ430-F2013

HC908Qの概要とCodeWarrior対応プログラマの製作

(トランジスタ技術 2005年11月号) **7ページ**

Freescale Semiconductor社のHC908Qファミリの特徴と開発用ソフトウェアCodeWarriorの解説です．パソコンのシリアル・ポートを使ったプログラマも製作しています(**写真10**)．

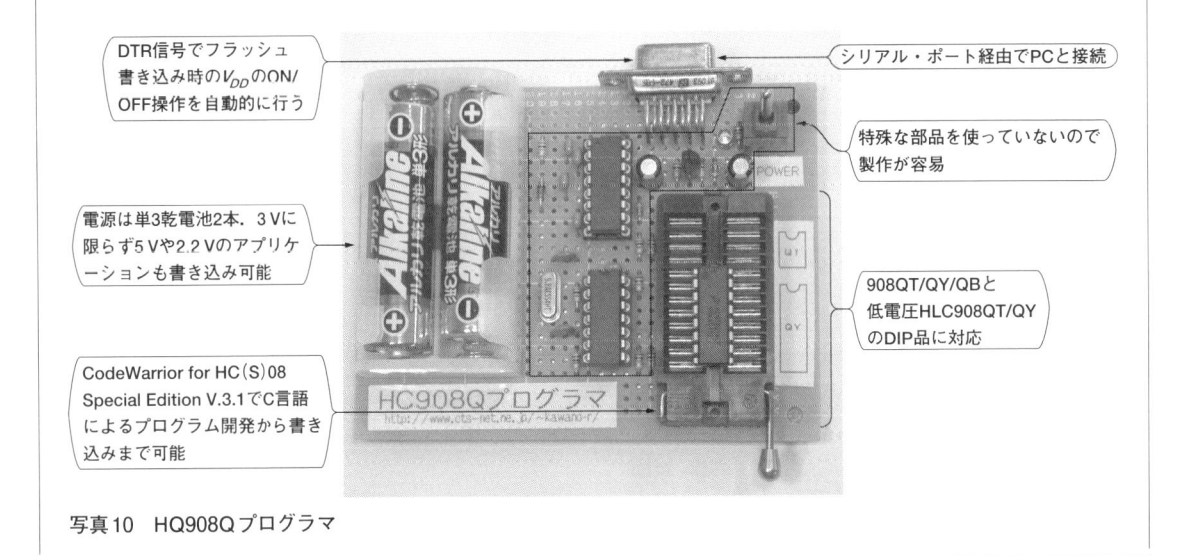

- DTR信号でフラッシュ書き込み時のV_{DD}のON/OFF操作を自動的に行う
- シリアル・ポート経由でPCと接続
- 特殊な部品を使っていないので製作が容易
- 電源は単3乾電池2本．3Vに限らず5Vや2.2Vのアプリケーションも書き込み可能
- 908QT/QY/QBと低電圧HLC908QT/QYのDIP品に対応
- CodeWarrior for HC(S)08 Special Edition V.3.1でC言語によるプログラム開発から書き込みまで可能

写真10 HQ908Qプログラマ

165μA/MHzの低消費電力マイコン MSP430F5x

（トランジスタ技術 2009年1月号）　6ページ

　Texas Instruments社のMSP430F5シリーズの紹介です（**写真12**）．

　最大25MHzのクロック周波数で，動作時の消費電流が165μA/MHzとクロック周波数に比例したデータになっています．サンプルとしてリアルタイム・クロック用の32.768kHzクロックで動作させたデータ・ロガーを作っています．消費電流は約2.6μAです．

写真12　MSP430F5シリーズ

7CH同時サンプル！低消費電力！ MSP430F47177

（トランジスタ技術 2010年6月号）　6ページ

　Texas Instruments社のMSP430F47177の紹介です（**写真13**）．

　同時サンプリングできる7チャネルの16ビットA-Dコンバータを持つマイコンです．32ビット乗算器など，瞬時電力の測定に使える機能が搭載されています．A-Dコンバータの前段には1～32倍に設定できる差動入力の可変ゲインアンプが内蔵されていて，電力量測定での電流センサからの信号をそのまま入力することが可能です．

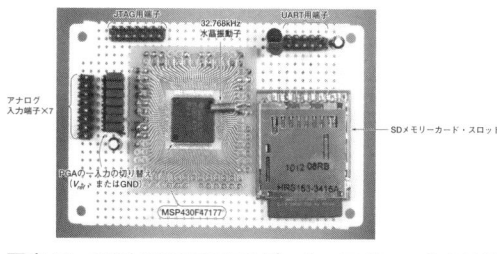

写真13　MSP430F47177のデータ・ロガーへの応用例

微弱電波受信IC MAX7042

（トランジスタ技術 2007年5月号）　7ページ

　Maxim Integrated Products社のMAX7042の紹介です（**写真14**）．

　MAX7042は，さまざまなリモコン装置に使用できる微弱電波受信ICです．対応する周波数帯は308M～433MHzで，FSK（Frequency Shift Keying）を採用しています．消費電流は連続動作時約6mA，パワーダウン時20nAと，間欠動作させることでコイン型電池1個で長期間にわたり動作できます．MAX1479などがペアで使える送信用ICです．

写真14　MAX7042を使った受信基板

世界のアキバから ～タイ・バンコク編～

（トランジスタ技術 2010年11月号）　2ページ

　タイ・バンコクの電気街，「バンモー（Ban Mo）」の様子を紹介しています（**写真15**）．

写真15　バンモー・プラザの様子

第4章　シンプル回路の製作

難易度の低い製作を通して電子工作の楽しさを味わおう
下間 憲行

　ここでは，トランジスタやICを使った応用回路のうち，比較的単機能なものの設計，製作，実験例をピックアップしました（表1）．

　製作難易度の低い事例が集まっています．単純に回路の規模だけで分類しているわけではないので，マイコンを使った製作物も含んでいます．何かに使えそうでしたら，この章を参考に物作りの面白さを味わってください．

　製作例を眺めてみると，LEDを点滅させるだけでも，さまざまな回路があります．また，トランジスタとICの組み合わせだけで，センサ信号の入力や実用ツールなど，いろんな機能が実現できることが分かるでしょう．

　ラジオとワイヤレス・マイクの製作は電子工作の基本です．電波の面白さを実体験できるでしょう．ただ，発射する電波の強さには十分な注意が必要です．強い電波を出したければ，アマチュア無線の免許取得を目指しましょう．

表1　シンプルな回路で実現している製作記事の一覧（複数に分類される記事は，他の章で概要を紹介している場合がある）

記事タイトル	掲載号	ページ数	PDFファイル名
「簡易テルミン」の製作	トランジスタ技術 2002年2月号	6	2002_02_131.pdf
「携帯ニャん」の製作	トランジスタ技術 2002年3月号	6	2002_03_131.pdf
金属探知機の製作	トランジスタ技術 2002年4月号	6	2002_04_131.pdf
生活異常アラームの製作	トランジスタ技術 2002年4月号	3	2002_04_296.pdf
AC動作のLEDパイロット・ランプ	トランジスタ技術 2002年5月号	1	2002_05_242.pdf
超再生検波ラジオの製作	トランジスタ技術 2002年6月号	6	2002_06_115.pdf
ラジコン空撮アダプタの製作	トランジスタ技術 2002年6月号	8	2002_06_137.pdf
デジカメ用インターバル撮影用リモコン	トランジスタ技術 2002年6月号	8	2002_06_180.pdf
サウンド学習型赤外線リモコンの実験	トランジスタ技術 2002年6月号	3	2002_06_266.pdf
2石FMワイヤレス・マイクの製作	トランジスタ技術 2002年7月号	6	2002_07_125.pdf
テレビ・トランスミッタの製作	トランジスタ技術 2002年8月号	6	2002_08_131.pdf
AMワイヤレス・マイクの製作	トランジスタ技術 2002年9月号	6	2002_09_107.pdf
自転車ファインダの製作	トランジスタ技術 2002年10月号	6	2002_10_119.pdf
新型AVRライタの製作	トランジスタ技術 2002年11月号	5	2002_11_139.pdf
工作便利ツールの製作	トランジスタ技術 2002年11月号	6	2002_11_187.pdf
コモン・モード・チョーク・ミノムシ	トランジスタ技術 2005年5月号	1	2005_05_260.pdf
2相パルス発生器	トランジスタ技術 2005年10月号	1	2005_10_292.pdf
AM送信機の製作（前編）	トランジスタ技術 2006年1月号	7	2006_01_262.pdf
AM送信機の製作（後編）	トランジスタ技術 2006年2月号	8	2006_02_233.pdf
低抵抗値測定用アダプタ	トランジスタ技術 2006年2月号	1	2006_02_276.pdf

記事タイトル	掲載号	ページ数	PDFファイル名
AM受信機の製作	トランジスタ技術 2006年3月号	9	2006_03_252.pdf
高周波測定に欠かせない3端子アダプタ	トランジスタ技術 2006年3月号	1	2006_03_280.pdf
携帯着信ディテクタの製作	トランジスタ技術 2006年5月号	3	2006_05_271.pdf
赤外線ワイヤレス送受信器	トランジスタ技術 2007年3月号	7	2007_03_203.pdf
人を検知するタイマ付き夜間照明	トランジスタ技術 2007年5月号	9	2007_05_201.pdf
衝撃センサを使った警報機能つき防犯装置	トランジスタ技術 2007年12月号	6	2007_12_116.pdf
地デジ用ワンチップUHFブースタの製作	トランジスタ技術 2008年11月号	6	2008_11_170.pdf
アナログPSoCブロックを使った音声合成器の製作	トランジスタ技術 2009年1月号	6	2009_01_155.pdf
簡単便利な0.0125 Hz～500 kHz方形波発振器	トランジスタ技術 2009年6月号	3	2009_06_205.pdf
簡単便利な100 Hz～10 kHz正弦波発振器	トランジスタ技術 2009年6月号	4	2009_06_208.pdf
電子回路実験に必要な計測器の製作	トランジスタ技術 2009年6月号	2	2009_06_226.pdf
FM送信機の製作プロジェクト	トランジスタ技術 2009年7月号	2	2009_07_238.pdf
ストレート方式長波ラジオの製作	トランジスタ技術 2009年11月号	6	2009_11_183.pdf
離床を検知してナース・コールを鳴らす装置の製作	トランジスタ技術 2009年12月号	3	2009_12_236.pdf
ハンディ方形波発生器の製作	トランジスタ技術 2010年7月号	3	2010_07_193.pdf

「簡易テルミン」の製作

(トランジスタ技術 2002年2月号)　**6ページ**

テルミン博士が発明した世界初の電子楽器テルミン，当時は真空管が使われていました．この簡易型を製作しています(**写真1**).

006P乾電池一つで動作します．残念ながら音量可変用のアンテナはなく，空中演奏では音程の可変しかできません．

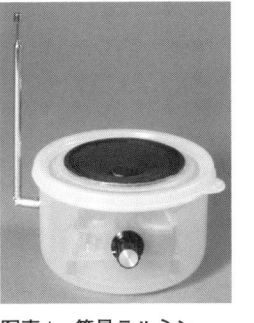

写真1　簡易テルミン

「携帯ニャん」の製作

(トランジスタ技術 2002年3月号)　**6ページ**

携帯電話の電波を検知して鳴くロボットの製作事例です(**写真2**).

動く・鳴くを担当するのはおもちゃの猫型ロボットです．手の部分に光センサがあり，光の変化に反応して鳴いたり動いたりします．携帯電話電波の検知回路と光センサを照らすLED駆動回路で実現しています．

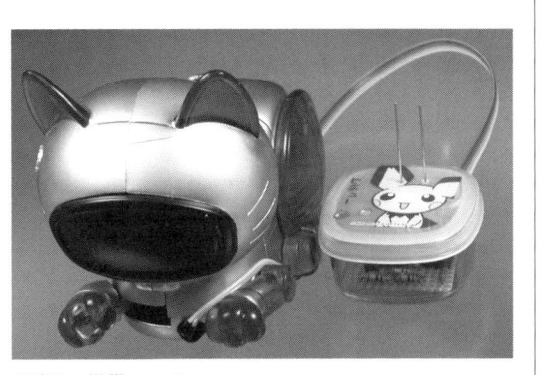

写真2　携帯ニャん

金属探知機の製作

（トランジスタ技術 2002年4月号）　6ページ

　電磁波を利用した金属探知機の製作事例です．コイルに近づく金属で変化する発振周波数をPLL回路で検出し，周波数変動でメータを振らすとともにブザー報知します．コルピッツ発振回路のコイルをセンサとして使います．発振周波数は約120 kHz，乾電池2本で動作します．

2石FMワイヤレス・マイクの製作

（トランジスタ技術 2002年7月号）　6ページ

　FM周波数の自励発振に1石，低周波増幅に1石使ったワイヤレス・マイクです．乾電池2本で動作します．バリキャップ・ダイオードを使ったFM変調の方法が参考になるでしょう．FM放送でのプリエンファシスとディエンファシスが解説されています．

超再生検波ラジオの製作

（トランジスタ技術 2002年6月号）　6ページ

　外部クエンチ方式の超再生検波ラジオ(Super regenerative Receiver)の製作事例です(写真4)．
　タイマICをクエンチ発振に用います．アンテナ入力からの不要輻射を少なくするため，ゲート接地増幅回路が検波回路の前に入ります．同調回路のコイルを入れ換えて受信バンドを選びます．電源は単3電池2本で，低周波アンプでスピーカを鳴らします．

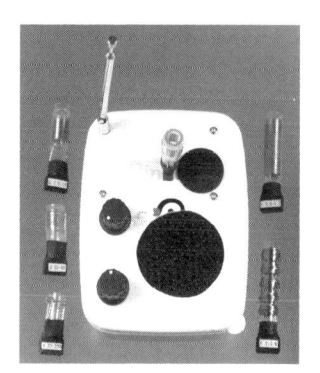

写真4　超再生検波ラジオ

生活異常アラームの製作

（トランジスタ技術 2002年4月号）　3ページ

　人が家の中で活動していると，電灯を点けたり消したりするので照明が変化します．そこで明暗センサをトイレに取り付け，一定時間以上明かりに変化がないと異常発生と判断して，フラッシュを点滅させる装置の製作事例です(写真3)．電池で長期間運用できるようCMOS ICのカウンタをタイマにしています．

写真3　生活異常アラーム

ラジコン空撮アダプタの製作

（トランジスタ技術 2002年6月号）　8ページ

　模型飛行機に載せるディジタル・スチル・カメラのシャッタ制御をマイコンで行う装置の製作事例です(写真5)．人が操作するコントローラのサーボの制御パルスを拾って撮影タイミングを作っています．

写真5　ラジコン空撮アダプタ

デジカメ用インターバル撮影用リモコン

(トランジスタ技術 2002年6月号)　8ページ

インターバル撮影を自動的に行うリモコンの製作事例です(写真6). 赤外線リモコンを使用可能なデジカメ向けです. 制御コードを解析し, 赤外線で撮影命令を送ることでインターバル撮影を実現しています. 制御にはAVRマイコンを用いています. 撮影間隔は, ディジタル・スイッチで設定します.

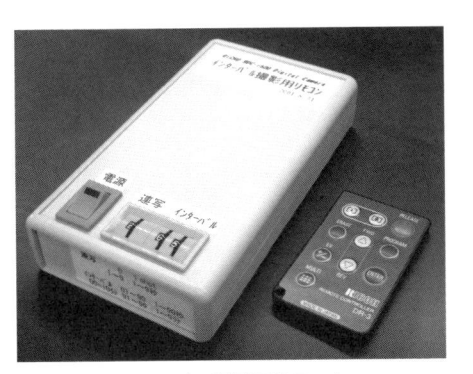

写真6　インターバル撮影用リモコン

AC動作のLEDパイロット・ランプ

(トランジスタ技術 2002年5月号)　1ページ

トランスに電源が供給されているのかどうかを知るため, コアに別の巻線を追加してLEDを光らせます. 新たな巻線を入れるスペースがある大きなトランス, 100 V-100 Vの絶縁トランスや100 V-200 Vの昇圧トランスで利用できます.

サウンド学習型赤外線リモコンの実験

(トランジスタ技術 2002年6月号)　3ページ

パソコンを利用したリモコンの製作事例です. 赤外線リモコンの信号を, パソコンのサウンド入力を使って音として記録します. このファイルを再生し, ヘッドホン出力から出たオーディオ信号を使って赤外線LEDをドライブして送信します. 1台のパソコンで複数のリモコンを制御できます.

テレビ・トランスミッタの製作

(トランジスタ技術 2002年8月号)　6ページ

ビデオ入力を地上波アナログ・テレビ放送帯の電波にして飛ばすビデオ送信機です. 音声入力はありません.
高周波発振に1石, ビデオ信号のレベル変換に1石, 映像のAM変調に2石使っています. 電源は乾電池2本です.

自転車ファインダの製作

(トランジスタ技術 2002年10月号)　6ページ

自転車に取り付けた送信機からの信号を受信機で受けることで, 自転車を見つけ出すことができる装置の製作事例です. 断続する方形波で変調されたAM電波送信機を製作します. この送信機が出す「ピッピッピッ」という電波をAMラジオで聞いて探し出す仕組みです.

AMワイヤレス・マイクの製作

(トランジスタ技術 2002年9月号)　6ページ

AMラジオに音声を飛ばすワイヤレス・マイクの製作事例です.
JFETを使ったハートレイ型発振回路でAM周波数帯のキャリアを作り, 出力段トランジスタのコレクタを低周波パワー・アンプの出力で振幅変調します. コンデンサ・マイクからの音声とライン入力をミキシングして変調入力にしています.

新型AVRライタの製作

(トランジスタ技術 2002年11月号)　5ページ

パソコンのパラレル・ポートまたはシリアル・ポートをつなぐAVRマイコンの書き込み装置の製作事例です. 基板にマイコンを実装したまま書き込みできるISP(In-system Programmer)に対応しています.

工作便利ツールの製作

(トランジスタ技術 2002年11月号)　6ページ

　ロジック・テスタ(写真7)とAC電力コントローラが紹介されています．

　ロジック・テスタは，H/L/ハイ・インピーダンスの3状態を表示します．さらに細いパルスを目に見えるようにするため，検出パルスの時間を延ばす回路を仕込んでいます．

　AC電力コントローラはトライアックを使ったオーソドックスなものですが，出力調整操作のヒステリシスを軽減する工夫をしています．

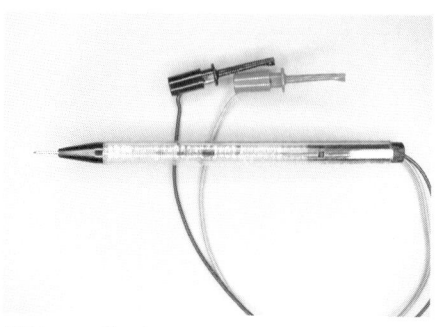

写真7　ロジック・テスタ

コモン・モード・チョーク・ミノムシ

(トランジスタ技術 2005年5月号)　1ページ

　コモン・モード・コイルにミノムシ・クリップを取り付け，いつでもどこでも使えるようにしたツールです．電源ラインでも信号ラインでも，これを入れてノイズの影響が少なくなれば，コモン・モード・ノイズが悪さをしていると考えられます．

2相パルス発生器

(トランジスタ技術 2005年10月号)　1ページ

　パルス発生器の製作事例です(写真11)．2相パルスを出すのでアップ・ダウン・カウンタやロータリ・エンコーダを使った計数回路の動作確認に使えます．バッテリ・バックアップ用NiCd電池で動作します．

AM送信機の製作

(トランジスタ技術 2006年1月号/2月号)
　前編7ページ　後編8ページ

　AM帯のワイヤレス・マイクの製作事例です(写真8)．PSoCマイコンで振幅変調信号を生成しています．単なるAMだけでなく，キャリアを抑圧したDSB(Double Side Band)信号も試しています．BFO(Beat Frequency Oscillator)付きの受信機を使うと復調できます．

写真8　AM帯のワイヤレス・マイク

低抵抗値測定用アダプタ

(トランジスタ技術 2006年2月号)　1ページ

　ディジタル・マルチメータと組み合わせて使う，直流10 mA定電流発生器です(写真9)．

　電圧低下を4端子法で測定することで，抵抗値を測定します．抵抗による電圧降下が1 mVなら0.1 Ω，0.01 mVなら1 mΩと計算できます．単3電池3本で動作します．

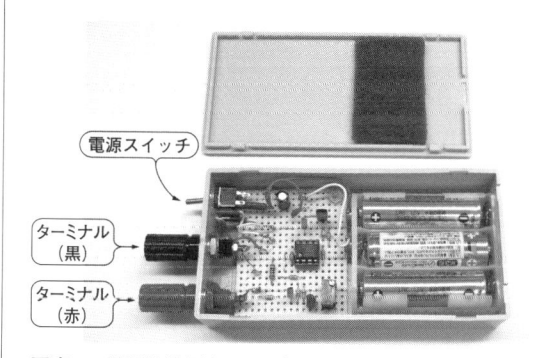

写真9　低抵抗値測定用アダプタ

AM受信機の製作

(トランジスタ技術 2006年3月号)　9ページ

　PSoCマイコンを使った中波帯AMラジオの製作事例です(**写真10**).

　中間周波数45kHzのスーパーヘテロダイン方式を用いています．通常のラジオ放送信号を聞くには整流回路を用います．DSBあるいはSSB信号も復調できるようBFO回路を設けています．A-Dコンバータを使ったAGC回路も試しています．

写真10　中波帯AMラジオ

携帯着信ディテクタの製作

(トランジスタ技術 2006年5月号)　3ページ

　携帯電話の着信を光で知らせるアクセサリの製作事例です(**写真11**).

　携帯電話が出す電波をアンテナで受けて検波し，信号を増幅してLEDを駆動するという簡単な回路です．乾電池2本で動作します．

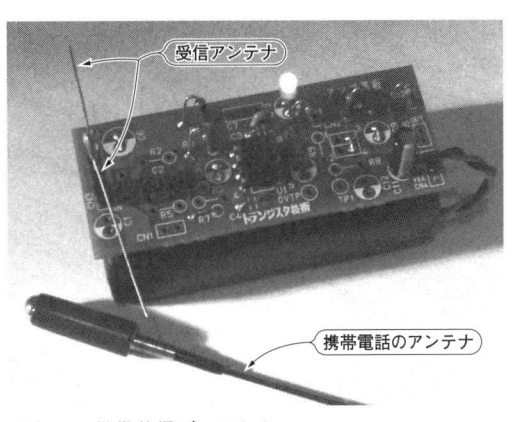

写真11　携帯着信ディテクタ

赤外線ワイヤレス送受信器

(トランジスタ技術 2007年3月号)　7ページ

　赤外LEDとフォトトランジスタで，音を赤外線に変えて伝送する装置の製作事例です(**写真12**).

　入力音声レベルに比例した電流で赤外LEDをドライブし，その光信号レベルの変化をフォトトランジスタがとらえ，オーディオ・パワー・アンプでスピーカを鳴らします．

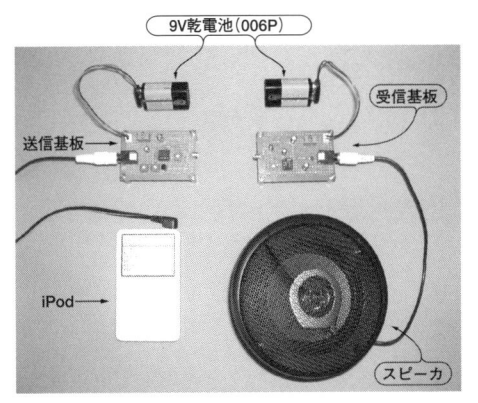

写真12　赤外線ワイヤレス送受信器

人を検知するタイマ付き夜間照明

(トランジスタ技術 2007年5月号)　9ページ

　人を検知して照明をON/OFFする装置の製作事例です(**写真13**).

　焦電型赤外線センサの出力をOPアンプで増幅し，人の動きなど，変動する信号を検知するとタイマICをトリガします．その出力でリレーを働かせ，外部機器(例えばランプ)を駆動します．周囲の明るさをCdSで検出して，昼夜で検出感度を変えています．

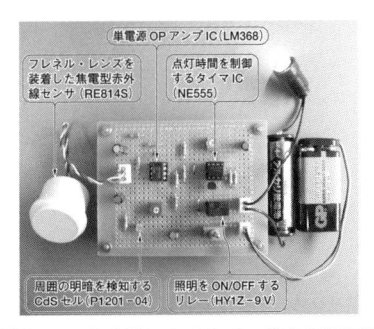

写真13　人を検知するタイマ付き夜間照明

ウィークエンド電子工作記事全集

衝撃センサを使った警報機能つき防犯装置

(トランジスタ技術 2007年12月号) 6ページ

圧電素子による衝撃センサを使った防犯装置の製作事例です(写真14). ガラス窓の損壊など, 通常の振動とは異なった高い周波数の波形を検出して, ブザーとLEDで異常を報知します. 乾電池3本で動作します.

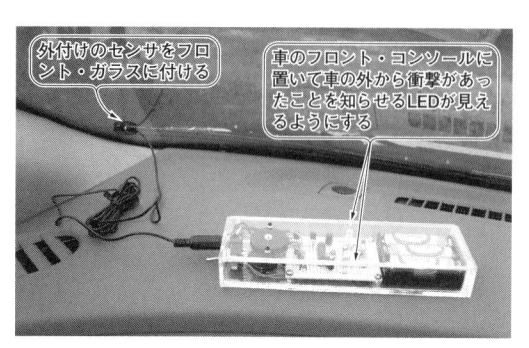

写真14 衝撃センサを使った警報機能つき防犯装置

高周波測定に欠かせない3端子アダプタ

(トランジスタ技術 2006年3月号) 1ページ

周波数特性やひずみ, 立ち上がり時間, 反射特性など高周波回路の測定のときに役立つ3種のアダプタの製作事例です.
- 2信号合成/分配器(ポート間損失6 dB)
- 分岐器(抵抗により減衰量が変化)
- リターン・ロス・ブリッジ

地デジ用ワンチップUHFブースタの製作

(トランジスタ技術 2008年11月号) 6ページ

地デジ電波の受信が不安定な場合に信号を増幅するブースタの製作事例です. 4種類のワンチップMMIC(Microwave Monolithic IC)について, それぞれ製作しています.

簡単便利な0.0125 Hz～500 kHz方形波発振器

(トランジスタ技術 2009年6月号) 3ページ

0.0125 Hz～500 kHzを出力できる方形波発振器の製作事例です(写真15).
CMOSのVCO/PLL ICを使って可変周波数パルスを発生させて, その出力を12ビット・バイナリ・カウンタを二つ使って分周します. 12ビットある後段カウンタの出力を12接点のロータリ・スイッチで切り替えて出力します. 電源は単3乾電池3本です.

写真15 0.0125 Hz～500 kHz方形波発振器

アナログPSoCブロックを使った音声合成器の製作

(トランジスタ技術 2009年1月号) 6ページ

「あいうえお」としゃべる音声合成器の製作事例です. PSoC内蔵のスイッチト・キャパシタを使いバンドパス・フィルタを構成します. この中心周波数を変化させることで, 声を構成する周波数成分を取り出します. クロック周波数を変化させるだけで中心周波数が動きます.

簡単便利な100 Hz～10 kHz正弦波発振器

(トランジスタ技術 2009年6月号) 4ページ

100 Hz～10 kHzを出力できる方形波発振器の製作事例です.
2連ボリュームで周波数を可変するブリッジドT型発振回路です. コンデンサをスイッチで切り替えて二つの発振周波数範囲にしています. 振幅制限にLEDを使っています. 電源は006P型乾電池です.

電子回路実験に必要な計測器の製作

（トランジスタ技術 2009年6月号） 2ページ

　遠隔地で，計測器の不足から製作したツールの紹介です．正弦波発振器は，一つの可変抵抗で周波数が変化できて振幅が一定になる三角波を発振させ，それをダイオードの折れ線近似で疑似正弦波にしています．このほか，SWRメータ，RFプローブ，電界強度計を製作しています．

FM送信機の製作プロジェクト

（トランジスタ技術 2009年7月号） 2ページ

　エチオピアからのレポート記事です．廃パソコンや廃テレビから必要な部品を取り外し，100MHz出力のFM送信機を作ってしまうという顛末記です．

　電波法の制限があるため，日本国内では不可能な製作です．

離床を検知してナース・コールを鳴らす装置の製作

（トランジスタ技術 2009年12月号） 3ページ

　人がベッドから立ち上がったことを検知するセンサの製作事例です（写真17）．

　焦電型赤外線センサで人体の動きを検出し，タイマでON時間を延ばします．ナース・コールのスイッチの代わりにこの回路の出力を接続して，動きがあったことをステーションに知らせます．機械式リレーの作動音を嫌って，出力にはフォトMOSリレーを使っています．

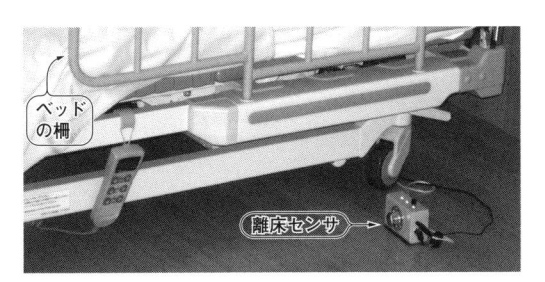

写真17　離床を検知してナース・コールを鳴らす装置

ストレート方式長波ラジオの製作

（トランジスタ技術 2009年11月号） 6ページ

　150k〜280kHzの長波で放送されているラジオを聞くための受信回路です（写真16）．

　中波局からの強力な妨害を防ぐため，フィルタ回路を工夫しています．バー・アンテナで同調回路を構成するバリキャップ・ダイオードに加わる電圧を可変してチューニングします．検波にはAMラジオ用ICを使います．

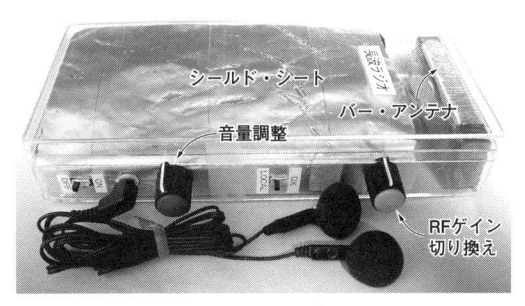

写真16　ストレート方式長波ラジオ

ハンディ方形波発生器の製作

（トランジスタ技術 2010年7月号） 3ページ

　正確な周期パルスが欲しいときや，一定周期でリレーを駆動したいときに使える方形波発生器です（写真18）．

　ディジタル・スイッチを使って周期とデューティ比を設定します．CMOSロジック・レベルとMOSFETによるオープン・ドレインで出力します．単3乾電池2本を昇圧して3.3Vで働かせています．

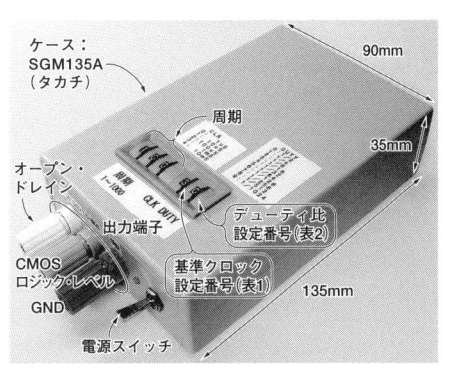

写真18　ハンディ方形波発生器

第5章 メカ工作

ロボット製作の入門・応用とケースの加工テクニック
下間 憲行

　作って楽しいものの代表といえばロボットでしょう．でもキットを組み立てるだけでは，魅力も半減です．外観だけでなく制御回路もオリジナルなものを目指したいものです．

　ここでは，ロボット工作だけでなく，メカニカルな機構を含む電子工作記事を集めました(表1)．電子回路とメカを工夫して，モータの動かし方を知ることができます．

　また，ソーラ・パネルによる太陽光発電や，水車による水力発電システムなどの記事もあります．屋外での長期使用に耐えられるしっかりした工作が目を引きます．

　ところで作成した回路はケースに入れて使いたいものです．基板がむき出しの状態では便利さ半減です．ケースを加工するために必要なさまざまなテクニックもここに集めています．

表1　ロボットやケースの加工などメカ工作に関する記事の一覧(複数に分類される記事は，他の章で概要を紹介している場合がある)

記事タイトル	掲載号	ページ数	PDFファイル名
オリジナル・ロボットを製作しよう	トランジスタ技術 2001年1月号	6	2001_01_187.pdf
転がりバナナの製作	トランジスタ技術 2001年2月号	6	2001_02_179.pdf
電動やじろべえ「電兵衛」の製作	トランジスタ技術 2001年3月号	6	2001_03_183.pdf
リモコン・ロボット「ハマグリ君」の製作	トランジスタ技術 2001年4月号	6	2001_04_195.pdf
図形を描く「ロボDraw」の製作	トランジスタ技術 2001年5月号	6	2001_05_155.pdf
リモコン縫いぐるみ「サイボーグMiffy」の製作	トランジスタ技術 2001年6月号	6	2001_06_163.pdf
「スラローム走行ロボット」の製作	トランジスタ技術 2001年7月号	6	2001_07_171.pdf
「白黒境界ウォッチャ」の製作	トランジスタ技術 2001年8月号	6	2001_08_155.pdf
「大車輪ロボット」の製作	トランジスタ技術 2001年9月号	6	2001_09_139.pdf
「ひまわりロボット」の製作	トランジスタ技術 2001年10月号	6	2001_10_147.pdf
「フライング・カップ・ヌードル」の製作	トランジスタ技術 2001年11月号	6	2001_11_163.pdf
「ウォッチ・ドッグ・ロボット」の製作	トランジスタ技術 2001年12月号	6	2001_12_131.pdf
温泉たまご調理器の製作	トランジスタ技術 2003年3月号	5	2003_03_270.pdf
小型風力発電機の製作	トランジスタ技術 2005年8月号	7	2005_08_207.pdf
充電コントローラの製作	トランジスタ技術 2005年9月号	6	2005_09_199.pdf
ステッピング・モータを使った風力発電機の製作	トランジスタ技術 2005年10月号	6	2005_10_203.pdf
風力で光るLED電飾看板の製作	トランジスタ技術 2005年11月号	4	2005_11_199.pdf
ハブ・ダイナモを使った小型水力発電機の製作	トランジスタ技術 2005年12月号	6	2005_12_201.pdf
小型水力発電機と組み合わせる汎用電源装置の製作	トランジスタ技術 2006年1月号	6	2006_01_185.pdf
スライディング・モードによる回転角度制御の実験	トランジスタ技術 2006年1月号	10	2006_01_248.pdf
ペルトン水車で水道から電気を作る	トランジスタ技術 2006年2月号	6	2006_02_189.pdf
太陽電池を使った降雨警報器の製作	トランジスタ技術 2006年3月号	5	2006_03_222.pdf

記事タイトル	掲載号	ページ数	PDFファイル名
大型ソーラ・パネルを使った終夜灯の製作(前編)	トランジスタ技術 2006年4月号	6	2006_04_224.pdf
大型ソーラ・パネルを使った終夜灯の製作(後編)	トランジスタ技術 2006年5月号	6	2006_05_239.pdf
ソーラ・ゴルフ・トレーナの製作	トランジスタ技術 2006年6月号	7	2006_06_230.pdf
アクリル・ケースの製作術①	トランジスタ技術 2006年6月号	3	2006_06_268.pdf
太陽電池と電気2重層キャパシタを使った電子番犬の製作	トランジスタ技術 2006年7月号	6	2006_07_243.pdf
アクリル・ケースの製作術②	トランジスタ技術 2006年7月号	3	2006_07_274.pdf
ゼーベック効果を利用した温度差発電機の製作	トランジスタ技術 2006年8月号	6	2006_08_248.pdf
アクリル・ケースの製作術③	トランジスタ技術 2006年8月号	3	2006_08_274.pdf
燃料電池による発電の実験	トランジスタ技術 2006年9月号	6	2006_09_236.pdf
アクリル・ケースの製作術④	トランジスタ技術 2006年9月号	3	2006_09_266.pdf
人力発電による自転車テール・ランプ点灯システムの製作	トランジスタ技術 2006年10月号	7	2006_10_208.pdf
オーブン・トースタを使ったリフロ装置の製作	トランジスタ技術 2007年1月号	6	2007_01_199.pdf
山間向け揚水装置の製作	トランジスタ技術 2009年8月号	6	2009_08_153.pdf
筋肉でラジコン・カーを操る回路の製作	トランジスタ技術 2009年8月号	7	2009_08_203.pdf
農業用水路を利用する小型水力発電機の製作	トランジスタ技術 2009年11月号	5	2009_11_189.pdf
太陽電池で動くカラス撃退器	トランジスタ技術 2010年4月号	5	2010_04_153.pdf
ミニ植物工場を作る	トランジスタ技術 2010年5月号	5	2010_05_189.pdf
LEDメッセージ・パネル付き水車発電機	トランジスタ技術 2010年6月号	6	2010_06_185.pdf
手作り差動トランスによる誤差6μmの変位検出器	トランジスタ技術 2010年9月号	8	2010_09_192.pdf

アクリル・ケースの製作術①〜④

(トランジスタ技術 2006年6月号〜9月号)

全12ページ

　電子工作してうまく出来上がった成果物は,ケースに入れていつでも使えるようにしておきたいものです.基板がむき出しのままでは,いくら優れた回路でも常用ツールにはできません.

　この記事では,アクリル板を使ったケースのさまざまな加工法(切断,曲げ,穴あけ,接着)を解説しています(**写真1**).

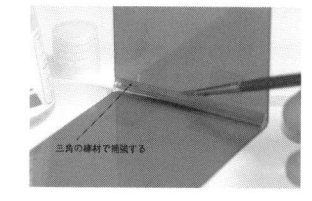

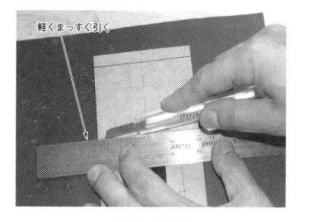

(a) 切断 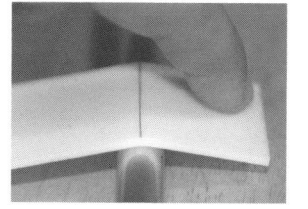　　(b) 曲げ 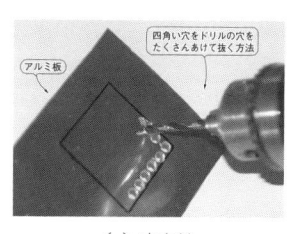　　(c) 穴あけ　　(d) 接着

写真1　アクリル板の加工

連載 作りながら学ぶロボット工作入門

(トランジスタ技術 2001年1月号〜12月号)

全72ページ

電子回路を応用してロボットを作ってみようという連載です．

- オリジナル・ロボットを製作しよう
  (1月号, 6ページ)

  マイクロマウス大会やライン・トレース競技など，ロボット・コンテストの様子が紹介されています．

- 転がりバナナの製作
  (2月号, 6ページ)

  壁伝いに転がるロボットの製作です(写真2)．2個のモータを直列にしているだけで，モータ自身がセンサとなって壁への衝突を検出し，一方のモータを起動する仕組みです．

- 電動やじろべえ「電兵衛」の製作
  (3月号, 6ページ)

  モータを空回りさせることで揺れ続けるやじろべえの製作です(写真3)．電子回路でモータを回すタイミング(周期的に一瞬だけON)を作ります．電源となる乾電池を1本ずつ左右の腕に振り分け，バランスがとれるような構造になっています．

- リモコン・ロボット「ハマグリ君」の製作
  (4月号, 6ページ)

  小さなタイヤを取り付けた2個のモータが交互に動き，ヨーイングしながら前進するロボットの製作です(写真4)．シュミット入力インバータ74HC14で方形波を発振させ，その両エッジからモータの駆動タイミングを作ります．乾電池2本で動作します．

- 図形を描く「ロボDraw」の製作
  (5月号, 6ページ)

  ペンを取り付けてリサージュ図形のような線画を描くロボットの製作です(写真5)．二つの独立したモータで左右のタイヤを回し，その回転数の差でメカが旋回して図形が現れます．

- リモコン縫いぐるみ「サイボーグMiffy」の製作
  (6月号, 6ページ)

  ラジコン用のサーボを使って縫いぐるみの姿

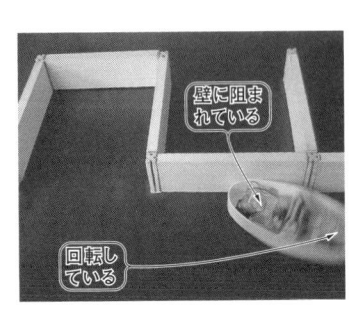

写真2 転がりバナナ

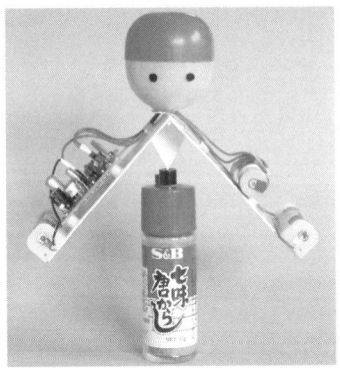

写真3 電動やじろべえ「電兵衛」

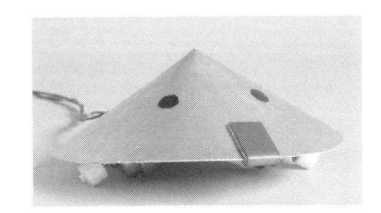

写真4 リモコン・ロボット「ハマグリ君」

写真5 図形を描く「ロボDraw」

写真6 リモコン縫いぐるみ「サイボーグMiffy」

写真7 スラローム走行ロボット

勢(頭部)を制御します(写真6). 有線リモコンで操作します.

- ●「スラローム走行ロボット」の製作
  (7月号, 6ページ)

  並んだポールを避けながらジグザグ走行するロボットの製作です(写真7). フォトセンサでポールを検知して, 独立した二つのモータを使って方向を変えます. マイコンは使っていません.

- ●「白黒境界ウォッチャ」の製作
  (8月号, 6ページ)

  本体をモータで回転させ, 白黒明暗の境目を検出して停止するメカの製作です(写真8). 白黒境界を動かすと追従するようにモータが回ります.

- ●「大車輪ロボット」の製作(9月号, 6ページ)

  振り子に付けた磁石をコイルで駆動し, 揺れや回転を繰り返すおもちゃの製作です(写真9). 振り子が揺れて, 磁石がコイルに接近通過するとき, 誘導電流が発生します. これを増幅してコイルを駆動するパルスを作っています.

- ●「ひまわりロボット」の製作
  (10月号, 6ページ)

  光源の方向を検知し, 追尾するおもちゃの製作です(写真10).

- ●「フライング・カップ・ヌードル」の製作
  (11月号, 6ページ)

  内部に羽根を付けたカップ麺容器を, 可変速のプロペラで作った上昇気流で浮上させるおもちゃの製作です(写真11). 送風と停止を繰り返すと, 離陸・浮遊・着陸を何度も行います. モータの回転数を制御して安定した離着陸動作を目指します.

- ●「ウォッチ・ドッグ・ロボット」の製作
  (12月号, 6ページ)

  数秒ごとにセンサの向きを変え, 明暗の変化(何かの動き)を検出するとLEDが光るロボットの製作です(写真12). 周囲の光度変化に追従するフォトトランジスタの自動バイアス回路の工夫が参考になるでしょう.

写真8 白黒境界ウォッチャ

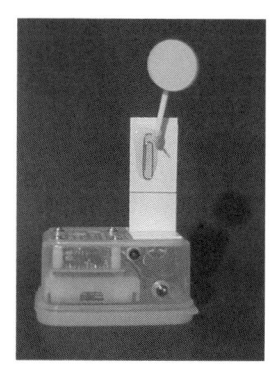

写真9 大車輪ロボット

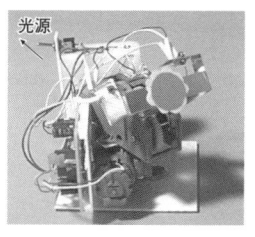

写真10 ひまわりロボット

写真11 フライング・カップ・ヌードル

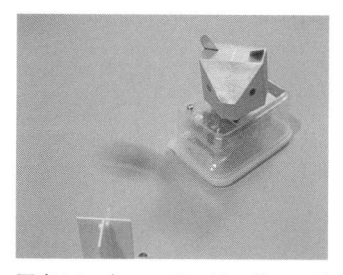

写真12 ウォッチ・ドッグ・ロボット

連載 電気で農業と農村生活を快適に！

(トランジスタ技術 2009年8月号〜2010年6月号)

全27ページ

農家の問題を電気を使って解決しようとする連載です．

- **山間向け揚水装置の製作**
  (2009年8月号，6ページ)

高所に設置したタンクにわき水をためて生活用水として利用できるようにする装置の製作です(図1)．揚水のためのマグネット・ポンプと水位検出のためのフロート・スイッチ，ポンプ運転用の自己保持リレーで構成されます．タンクや配管回りの造作が専門職でないと大変そうです．

- **農業用水路を利用する小型水力発電機の製作**
  (2009年11月号，5ページ)

農業用水の流量と落差を使って発電する装置の製作です(写真13)．二連の水車と4個のハブ・ダイナモで約10Wが得られ，常夜灯に利用しています．

- **太陽電池で動くカラス撃退器**
  (2010年4月号，5ページ)

カラスの鳴き声(危険を察知して仲間に警戒を呼びかける声)を周期的に出してカラスを撃退する装置の製作です(写真14)．太陽電池で充電するニッケル水素充電池が電源です．市販の音声録音再生キットにパワー・アンプ，トランペット・スピーカを使っています．

- **ミニ植物工場を作る**(2010年5月号，5ページ)

照明に太陽電池パネルと高輝度LEDを使い，温室の電気代を節約する事例です(図2)．窓や扉を2重ガラスにするだけでなく，屋根や壁，床にも断熱材を入れ，保温性を高めています．

- **LEDメッセージ・パネル付き水車発電機**
  (2010年6月号，6ページ)

日照を検出して，暗くなるとLEDを使った電光掲示板にメッセージを表示する装置です(写真15)．近くの沢から水を引き，水車を回します．プーリーで回転数を上げ，ステッピング・モータを発電機として使い電力を得ています．

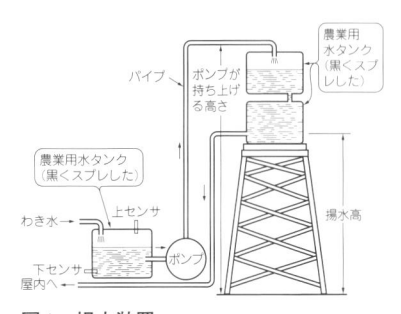

図1　揚水装置

写真13　小型水力発電機

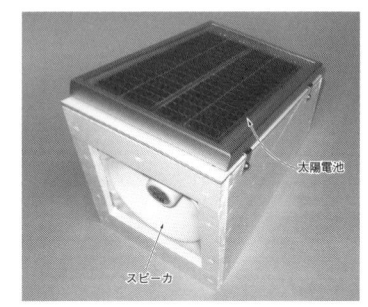

写真14　カラス撃退器

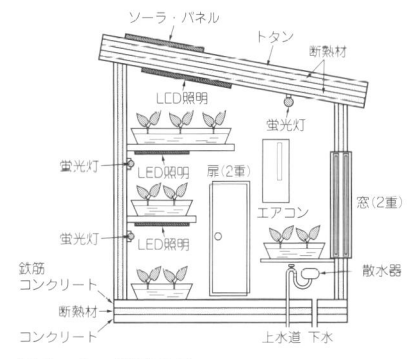

図2　ミニ植物工場

写真15　メッセージ・パネル付き水車発電機

温泉たまご調理器の製作

（トランジスタ技術 2003年3月号） 5ページ

　ディジタル・サーモスタットで温度管理しながら電気ポットを通電して湯を沸かし，温泉たまごを作る装置の製作です（**写真16**）．マイコンは使わず，タイマ回路とリレーで実現しています．

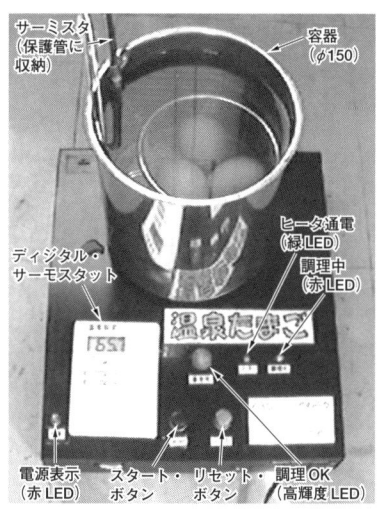

写真16　温泉たまご調理器

オーブン・トースタを使ったリフロ装置の製作

（トランジスタ技術 2007年1月号） 6ページ

　表面実装部品をはんだ付けする際に用いるリフロ装置を，オーブン・トースタを改造して作った製作事例です（**写真17**）．ペースト状になったクリームはんだをプリント基板に塗布し，その上にチップ部品を載せて加熱します．温度検出にK型熱電対を使い，HCS08マイコンでSSR（Solid State Relay）を制御します．

写真17　オーブン・トースタを使ったリフロ装置

筋肉でラジコン・カーを操る回路の製作

（トランジスタ技術 2009年8月号） 7ページ

　筋肉の動きでラジコン・カーを操縦するコントローラの製作です（**図3**）．腕に取り付けた電極から筋電位信号を取り出して増幅し，外乱ノイズを除去後，筋電のレベルを判定します．この信号でコントローラの接点をON/OFFすると，手首の軽い屈曲動作だけで操縦できるようになります．

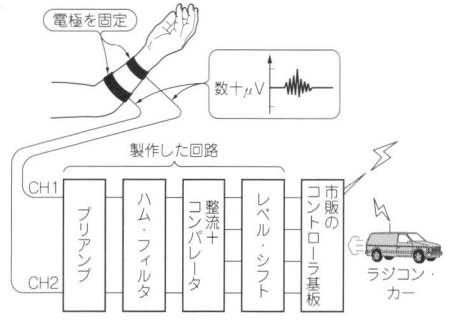

図3　筋肉の動きでラジコン・カーを操縦するコントローラ

手作り差動トランスによる誤差6μmの変位検出器

（トランジスタ技術 2010年9月号） 8ページ

　変位センサで用いる差動トランスを手作りし，精度を確認した事例です（**写真18**）．アクリル・パイプに三連のコイルを巻き，中央のコイルを正弦波でドライブします．両端のコイルから出る信号を位相検波することで，パイプに入れたフェライト・コアの位置を求めます．PSoCマイコンの内部モジュールだけで，変位量センサに必要なアナログ回路が構成できます．

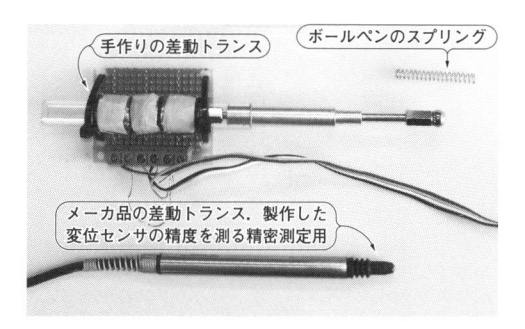

写真18　手作りの差動トランス

第6章　電　源

実験用電源装置の製作から自然エネルギーの活用まで

下間　憲行

ここでは，電源装置にまつわる記事をまとめています(**表1**)．

安定した電源がなければ電子回路は動作しないので，実験ができません．手軽に使える定電圧定電流電源はぜひとも最初に製作しておきたいツールです．

電源には，単純な定電圧電源から実験用可変電圧電源，DC-DCコンバータ，自動車用バッテリから交流100 Vを作る回路などがあります．また，充電池の充放電制御も電源回路の一部です．

近年では自然エネルギーの活用も注目されています．例えば，風力発電や水力発電の記事からは，電力を得るための苦労が感じ取れます．

表1　電源に関する記事の一覧(複数に分類される記事は，他の章で概要を紹介している場合がある)

記事タイトル	掲載号	ページ数	PDFファイル名
出力電圧を0 Vから制御できる可変電源の製作実験	トランジスタ技術 2001年8月号	7	2001_08_290.pdf
出力電圧を0 Vから制御できる可変電源の製作実験(その2)	トランジスタ技術 2001年9月号	5	2001_09_244.pdf
高周波誘導加熱装置の製作	トランジスタ技術 2002年1月号	8	2002_01_251.pdf
コンパクトな急速放電器の製作	トランジスタ技術 2002年5月号	6	2002_05_243.pdf
真空管アンプ用スイッチング電源の製作	トランジスタ技術 2002年10月号	4	2002_10_263.pdf
定電圧定電流電源の製作	トランジスタ技術 2005年3月号	8	2005_03_247.pdf
DS2711を使ったNiMH/NiCd急速充電器の製作	トランジスタ技術 2005年5月号	6	2005_05_215.pdf
小型風力発電機の製作	トランジスタ技術 2005年8月号	7	2005_08_207.pdf
出力100 Wのソーラ・インバータの製作	トランジスタ技術 2005年9月号	12	2005_09_175.pdf
充電コントローラの製作	トランジスタ技術 2005年9月号	6	2005_09_199.pdf
ステッピング・モータを使った風力発電機の製作	トランジスタ技術 2005年10月号	6	2005_10_203.pdf
風力で光るLED電飾看板の製作	トランジスタ技術 2005年11月号	4	2005_11_199.pdf
ハブ・ダイナモを使った小型水力発電機の製作	トランジスタ技術 2005年12月号	6	2005_12_201.pdf
実験用ミニ電源を作ろう	トランジスタ技術 2006年1月号	2	2006_01_140.pdf
小型水力発電機と組み合わせる汎用電源装置の製作	トランジスタ技術 2006年1月号	6	2006_01_185.pdf
ペルトン水車で水道から電気を作る	トランジスタ技術 2006年2月号	6	2006_02_189.pdf
太陽電池を使った降雨警報器の製作	トランジスタ技術 2006年3月号	5	2006_03_222.pdf
大型ソーラ・パネルを使った終夜灯の製作(前編)	トランジスタ技術 2006年4月号	6	2006_04_224.pdf
大型ソーラ・パネルを使った終夜灯の製作(後編)	トランジスタ技術 2006年5月号	6	2006_05_239.pdf
ソーラ・ゴルフ・トレーナの製作	トランジスタ技術 2006年6月号	7	2006_06_230.pdf
太陽電池と電気2重層キャパシタを使った電子番犬の製作	トランジスタ技術 2006年7月号	6	2006_07_243.pdf
ゼーベック効果を利用した温度差発電機の製作	トランジスタ技術 2006年8月号	6	2006_08_248.pdf

記事タイトル	掲載号	ページ数	PDFファイル名
燃料電池による発電の実験	トランジスタ技術 2006年9月号	6	2006_09_236.pdf
28 W蛍光灯用インバータ式点灯回路 10 W直管型蛍光灯用インバータ回路 12 Vバッテリで動作する35 W定電力スイッチング電源回路 50 W出力の小型絶縁DC-DCコンバータ	トランジスタ技術 2006年10月号	10	2006_10_130.pdf
人力発電による自転車テール・ランプ点灯システムの製作	トランジスタ技術 2006年10月号	7	2006_10_208.pdf
DC最大170 V入力，DC12.5 V出力の電源モジュールBP5074	トランジスタ技術 2006年11月号	6	2006_11_179.pdf
乾電池2本から12 Vを作る高効率電源	トランジスタ技術 2006年12月号	10	2006_12_193.pdf
高速タイマ内蔵8ビット・マイコンATtiny461	トランジスタ技術 2007年5月号	8	2007_05_193.pdf
低消費電力マイコン応用回路の作り方	トランジスタ技術 2008年6月号	21	2008_06_113.pdf
ソーラ発電装置のチャージ・コントローラの製作	トランジスタ技術 2009年9月号	3	2009_09_230.pdf
ソーラ発電装置でラップトップPCを充電するためのDC-ACインバータ	トランジスタ技術 2009年10月号	2	2009_10_218.pdf
電流/電圧モニタ付き実験用電源の製作	トランジスタ技術 2010年1月号	7	2010_01_176.pdf
出力100 Wの100 V交流インバータ	トランジスタ技術 2010年3月号	6	2010_03_161.pdf

高周波誘導加熱装置の製作

（トランジスタ技術 2002年1月号）　8ページ

　高周波誘導加熱IH（Induction Heating）を実現する回路の製作です（**写真1**）．コイルの形状や加熱対象によるコイル特性の変化，共振周波数の制御，カレント・トランスによる電流検出，ハーフ・ブリッジによる出力回路の駆動方法などが解説されています．スイッチング周波数200 k～300 kHzで出力電力200～300 Wを目指します．

写真1　高周波誘導加熱装置用コイル

コンパクトな急速放電器の製作

（トランジスタ技術 2002年5月号）　6ページ

　単3型充電池を2本放電できる回路の製作です（**写真2**）．電池をセットするだけで放電が始まり，設定した電圧まで放電します．放電中の電池電圧でデューティが変化する発振回路が構成されていて，放電が進むと放電休止期間が長くなってきます．

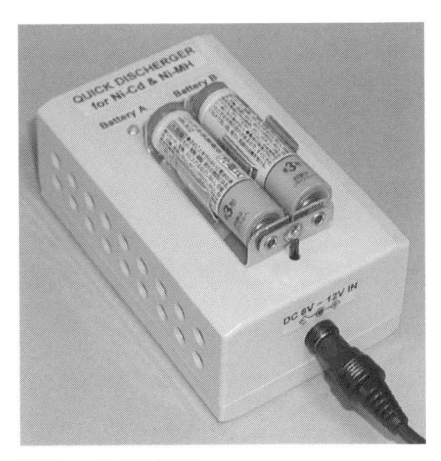

写真2　急速放電器

定電圧定電流電源の製作

(トランジスタ技術 2005年3月号) 8ページ

0～10V/1A出力の実験用スイッチング・レギュレータの製作です(**写真3**)．R8C/15マイコンのPWM出力機能を使っています．電圧と電流をマイコン内蔵のA-Dコンバータで計測し，液晶表示器に表示するとともに，出力電圧を制御します．PWMの周波数は約40kHz，10ビット分解能で使っています．

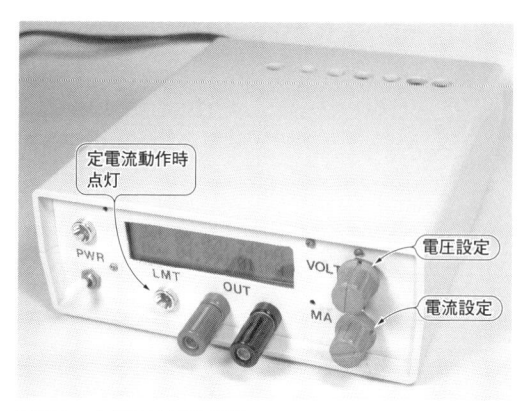

写真3　定電圧定電流電源

DS2711を使ったNiMH/NiCd急速充電器の製作

(トランジスタ技術 2005年5月号) 6ページ

Maxim Integrated Products社のNiMH/NiCd電池充電専用IC DS2711を使った製作例です(**写真4**)．単3充電池を2本独立して急速充電します．充電完了検出は－ΔV(わずかな電圧低下)を利用します．サーミスタによる電池温度の検出機能や電池容量に合わせたタイムアウト機能，電池の内部抵抗上昇を検出して異常停止する機能を備えています．

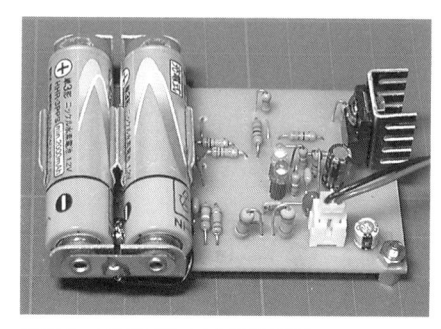

写真4　NiMH/NiCd急速充電器

出力100Wのソーラ・インバータの製作

(トランジスタ技術 2005年9月号) 12ページ

130W級の太陽電池から出てくる直流33V(最適動作点電圧)を交流100Vに変換するソーラ・インバータの製作例です(**写真5**)．AC100V単相60Hz(50Hzも可)，最大100W，正弦波でひずみ率5%以下の出力を目指します．太陽電池の出力をPFC回路で昇圧した後，正弦波のインバータで出力します．

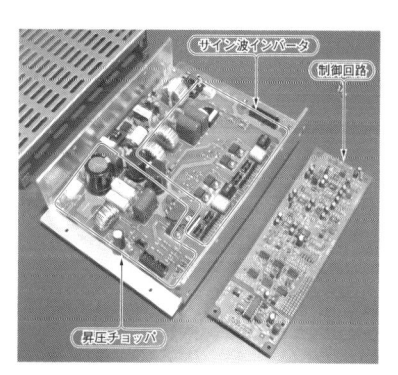

写真5　ソーラ・インバータ

実験用ミニ電源を作ろう

(トランジスタ技術 2006年1月号) 2ページ

可変電圧3端子レギュレータを使った正負電圧が出力できる電源装置の製作です(**写真6**)．スイッチの操作で±15，±5，±2.5Vと出力電圧が切り替えられます．

写真6　実験用ミニ電源

出力電圧を0Vから制御できる可変電源の製作実験

(トランジスタ技術 2001年8月号/9月号)
7ページ **5ページ**

0Vから可変できる絶縁出力型可変電源装置の製作です．回路はスイッチング方式です．PFC(Power Factor Correction：力率補正)回路で直流250Vを作り，パワーMOS FETを使ったハーフ・ブリッジ回路で0～100Vの安定化した直流出力を得ています．出力電流は最大2Aです．

28W蛍光灯用インバータ式点灯回路／10W直管型蛍光灯用インバータ回路／12Vバッテリで動作する35W定電力スイッチング電源回路／50W出力の小型絶縁DC-DCコンバータ

(トランジスタ技術 2006年10月号) **10ページ**

3種類の蛍光灯点灯用インバータ回路と，HIDランプの駆動に使える35W定電力スイッチング回路，50W出力のフライバック・コンバータ回路です．トランスの具体例が参考になります．

DC最大170V入力，DC12.5V出力の電源モジュールBP5074

(トランジスタ技術 2006年11月号) **6ページ**

ロームの非絶縁型スイッチング電源モジュールBP5074を使ったLED照明回路の実験です(写真7)．高輝度白色LEDを使った間接照明を，赤外線リモコンの信号を受けて「減光→OFF→増光→減光」と繰り返すよう制御します．PWMのデューティで明るさを変えます．

写真7　LED照明回路

高速タイマ内蔵8ビット・マイコンATtiny461

(トランジスタ技術 2007年5月号) **8ページ**

Atmel社のAVRマイコンATtiny261/461/861では，内部の10ビット・タイマ/カウンタを内蔵PLL回路で生成する64MHzクロックで高速動作させることができます．この機能を使って降圧型DC-DCコンバータ回路を試しています(写真8)．

写真8　降圧型DC-DCコンバータ

連載 自然エネルギーの活用にチャレンジ

(トランジスタ技術 2005年8月号～2006年10月号)

全89ページ

- 小型風力発電機の製作(8月号, 7ページ)
- 充電コントローラの製作(9月号, 6ページ)

　自転車用の発電機を使った風力発電機の製作事例です(写真9)です．複数の発電機出力を合成する方法や具体的な充電回路，発電特性などについての説明があります．

- ステッピング・モータを使った風力発電機の製作(10月号, 6ページ)
- 風力で光るLED電飾看板の製作 (11月号, 4ページ)

　自転車用発電機より大きな出力を得るためにステッピング・モータを使った発電機です(写真10)．発電した電気で電飾看板を光らせます．

- ハブ・ダイナモを使った小型水力発電機の製作(12月号, 6ページ)
- 小型水力発電機と組み合わせる汎用電源装置の製作(2006年1月号, 6ページ)

　水車の中心軸に自転車用発電機を取り付けた発電機の製作です(写真11)．自転車用ですから防水は完ぺきです．また，ここで得られた電力を使う，ポータブル電源も製作します．

- ペルトン水車で水道から電気を作る (2006年2月号, 6ページ)

　水道水の水圧で発電し，高輝度LEDを点灯させます(写真12)．発電用の水車は，水道用の塩ビパイプや継ぎ手を使って作成しています．

- 太陽電池を使った降雨警報器の製作 (3月号, 4ページ)

　結露センサで湿度を監視し，降雨があったときにブザーを鳴らして知らせる装置の製作です(写真13)．太陽電池で電池を充電して動作します．

- 大型ソーラ・パネルを使った終夜灯の製作 (4月号/5月号, 各6ページ)

　日中にソーラ・パネルで電池を充電し，暗くなると蛍光灯を自動点灯するシステムの製作です(写真14)．電池の消耗を抑えるため，一定時

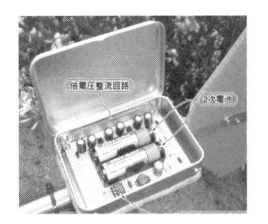

(a) 充電コントローラ 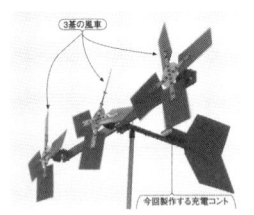　　(b) 風力発電器

写真9　小型風力発電機

(a) 水車　　(b) 汎用電池装置

写真11　小型水力発電機

(a) 電飾看板を取り付けたようす

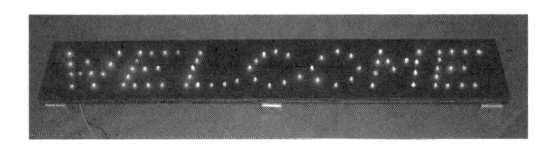

(b) (a)の電飾看板を拡大

写真10　ステッピング・モータを使った風力発電機

写真13　降雨警報器

写真12　水道水の水圧で発電

間後に蛍光灯を消してパワーLEDによる照明に切り替えます.

● ソーラ・ゴルフ・トレーナの製作
（6月号, 7ページ）

ゴルフの素振り練習機に太陽電池を使った事例です（**写真15**）.地表に置いたピックアップ・コイルで,ゴルフ・クラブのヘッド内に埋め込んだ磁石が通過して誘起する電圧を拾います.この電圧はヘッドの通過速度に比例するので,LEDでレベル表示します.

● **太陽電池と電気2重層キャパシタを使った電子番犬の製作**（2006年7月号, 6ページ）

焦電センサで人の動きを検出し,犬小屋に仕込んだスピーカから録音した犬の鳴き声を出して番犬の代わりにしようという事例です（**写真16**）.太陽電池で電気2重層キャパシタを充電し,これを電源として動作します.

● ゼーベック効果を利用した温度差発電機の製作（2006年8月号, 6ページ）

炭火でペルチェ素子を暖めて発電し,その電力でラジオを鳴らした事例です（**写真17**）.

● 燃料電池による発電の実験
（2006年9月号, 6ページ）

ダイレクト・メタノール型燃料電池による発電の実験です（**写真18**）.キットの構造や出力電圧昇圧用DC-DCコンバータ回路を説明しています.

● **人力発電による自転車テール・ランプ点灯システムの製作**（2006年10月号, 7ページ）

夜間走行時に自動でテール・ランプを点灯する装置です（**写真19**）.自転車のハブ・ダイナモが発電する電力をニッケル水素充電池に蓄えます.電池の充電状態と積算充電量をLED表示し,昼間の走行での発電状態を目視できるようにしています.

写真14 終夜灯

写真15 ゴルフ・トレーナ

写真17 温度差発電機

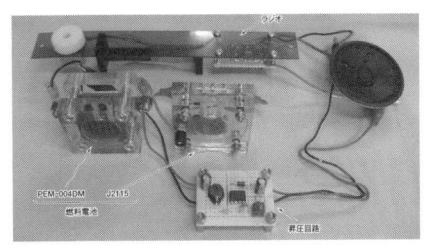

写真16 電子番犬

写真18 燃料電池による発電

写真19 自転車テール・ランプ点灯システム

乾電池2本から12Vを作る高効率電源

(トランジスタ技術 2006年12月号)　　10ページ

単3型乾電池2本(3V)から4.7〜13.6Vを発生する昇圧型スイッチング電源回路です(写真20).シュミット入力インバータICとアナログ・コンパレータ,基準電圧IC,ドライブ用のパワーMOSFET,ショットキ・バリア・ダイオードを使います.

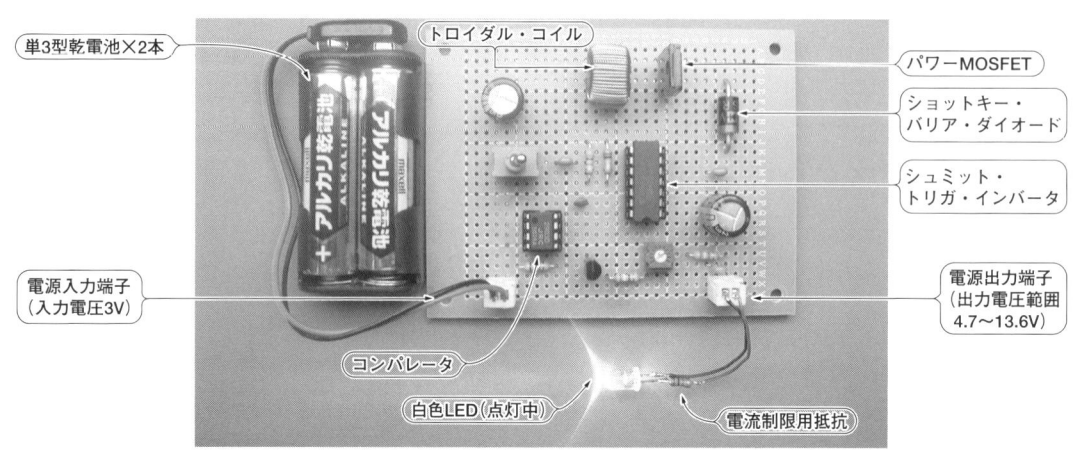

写真20　乾電池2本から12Vを作る高効率電源

低消費電力マイコン応用回路の作り方

(トランジスタ技術 2008年6月号)　　21ページ

電池を電源にして装置を長期間作動させるための設計手法の解説です.電池の特徴を踏まえ,センサやマイコンなど電力を消費する部分をいかに間欠動作させるか,平均消費電流の見積方法などを示しています.以下の製作事例があります(写真21).

- 単3乾電池2本で10年動作する一酸化炭素検出器
- 単3乾電池2本で10年動作する温度データ・ロガー
- 単3乾電池2本で10年以上動作する汎用データ・ロガー

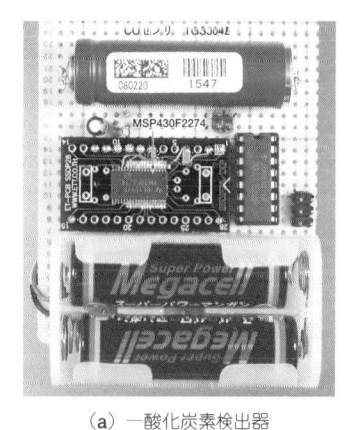

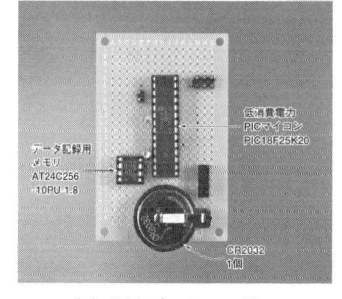

(a) 一酸化炭素検出器　　(b) 温度データ・ロガー　　(c) 汎用データ・ロガー

写真21　低消費電力マイコン応用回路

ソーラ発電装置の
チャージ・コントローラの製作

(トランジスタ技術 2009年9月号) 3ページ

　50Wクラスのソーラ・パネルで12V・150Ahの自動車用鉛バッテリを充電した事例です(**写真22**)．バッテリの電圧を監視して，発電時には過充電を，電気を使う放電時には過放電を検出して充放電を停止します．

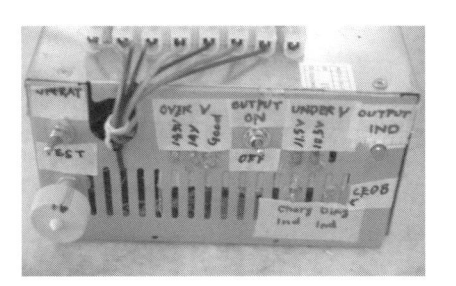

写真22　チャージ・コントローラ

ソーラ発電装置でラップトップ
PCを充電するための
DC-ACインバータ

(トランジスタ技術 2009年10月号) 2ページ

　ソーラ・パネルで充電した12Vバッテリから，交流220Vを得るインバータ回路の解説です(**写真23**)．タイマICで60Hzを発振させ，パワーMOSFETをプッシュプルで駆動します．

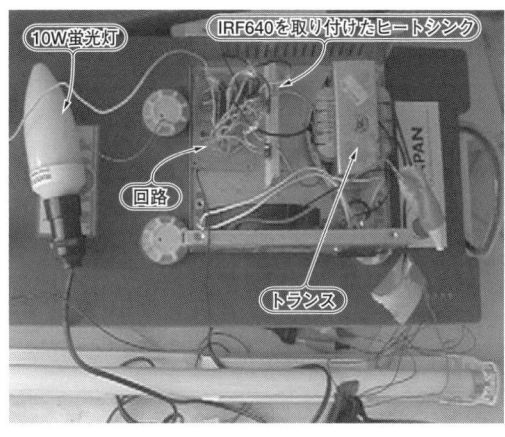

写真23　DC-ACインバータ

電流/電圧モニタ付き
実験用電源の製作

(トランジスタ技術 2010年1月号) 7ページ

　出力電圧0～16V，最大出力電流3Aの実験用電源です(**写真24**)．電圧，電流値をATtiny84で測定し，8文字×2行の液晶に表示します．この電源を作動させるために，外付けのACアダプタが必要です．

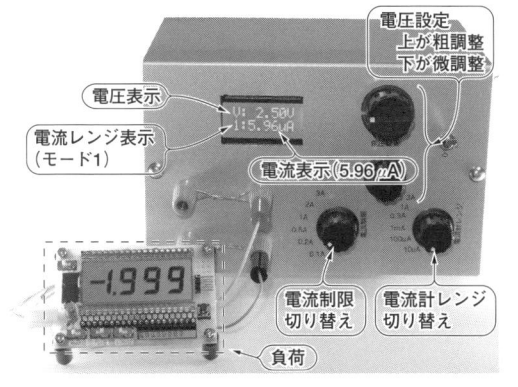

写真24　電流/電圧モニタ付き実験用電源

出力100Wの
100V交流インバータ

(トランジスタ技術 2010年3月号) 6ページ

　鉛バッテリのDC12VからAC100Vを出力するインバータの製作です(**写真25**)．市販のインバータを水力発電機につなぐと，電圧がゆっくり上昇したときや回転が変動すると，起動しなかったり出力が不安定になることがあります．そこで，負荷変動に強い回路を目指したものです．

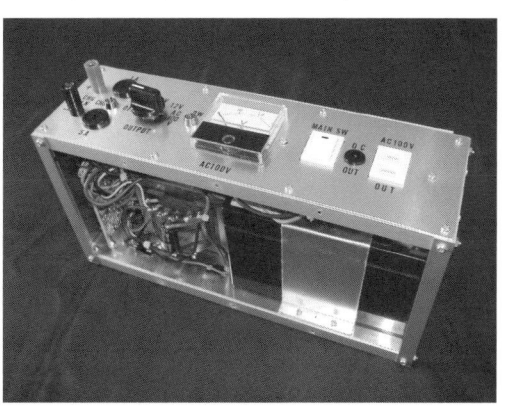

写真25　出力100Wの100V交流インバータ

第7章　オーディオ

ヘッドホン・アンプから大出力アンプまで
下間 憲行

　ここでは，小出力のヘッドホン・アンプから100 Wを越えるD級アンプまで，さまざまなオーディオ機器の工作を集めました(表1)．アンプ回路本体だけでなく，電源周りの設計にも注目してください．

　マイコンに内蔵されたアナログ機能ブロックを使って，ギター・エフェクタやディジタル・エコー回路，電子オルゴールを製作した事例もあれば，ひずみ系エフェクタや位相シフト・エフェクタ，グラフィック・イコライザを，マイコンを使わずにOPアンプを用いて製作した事例もあります．

表1　オーディオに関する記事の一覧(複数に分類される記事は，他の章で概要を紹介している場合がある)

記事タイトル	掲載号	ページ数	PDFファイル名
高性能OPアンプ	トランジスタ技術 2001年3月号	19	2001_03_198.pdf
最新オーディオ用D級アンプ	トランジスタ技術 2001年3月号	15	2001_03_217.pdf
電子消音システムの製作	トランジスタ技術 2002年3月号	16	2002_03_223.pdf
ヘッドホン・アンプを設計・製作する	トランジスタ技術 2002年4月号	11	2002_04_241.pdf
真空管アンプ用スイッチング電源の製作	トランジスタ技術 2002年10月号	4	2002_10_263.pdf
オーディオ・デバイス実用回路集	トランジスタ技術 2003年1月号	7	2003_01_205.pdf
CD-Rドライブ用エラー表示&ジッタ検出回路の製作	トランジスタ技術 2003年2月号	8	2003_02_235.pdf
汎用ロジックICで作る1 W出力のディジタル・アンプ	トランジスタ技術 2003年8月号	8	2003_08_191.pdf
IC 1個とMOSFET 4個で作る簡単パワー・アンプ	トランジスタ技術 2003年8月号	6	2003_08_199.pdf
100 W出力の本格ディジタル・パワー・アンプ	トランジスタ技術 2003年8月号	6	2003_08_205.pdf
CY8C27443を使ったギター・エフェクタの試作	トランジスタ技術 2004年6月号	7	2004_06_252.pdf
CY8C27443を使ったギター・エフェクタのプログラミング	トランジスタ技術 2004年7月号	9	2004_07_260.pdf
最大遅延0.1 sのディジタル・エコーの製作	トランジスタ技術 2005年3月号	6	2005_03_261.pdf
電子オルゴールの実験と製作	トランジスタ技術 2005年10月号	8	2005_10_267.pdf
オーディオ・アンプの製作	トランジスタ技術 2006年6月号	6	2006_06_188.pdf
スピーカを鳴らせる11石のパワー・アンプ	トランジスタ技術 2006年7月号	11	2006_07_174.pdf
ひずみ系エフェクタの製作	トランジスタ技術 2006年7月号	7	2006_07_188.pdf
位相シフト・エフェクタの製作	トランジスタ技術 2006年8月号	7	2006_08_216.pdf
低ひずみ15 Wパワー・アンプの設計と製作(製作編)	トランジスタ技術 2006年8月号	5	2006_08_258.pdf
自動レベル調整アンプの製作	トランジスタ技術 2006年9月号	8	2006_09_219.pdf
低ひずみ15 Wパワー・アンプの設計と製作(設計編)	トランジスタ技術 2006年9月号	6	2006_09_250.pdf
小型放熱器で200 Wを出力するオーディオ用パワー・アンプ/DC～100 kHz，出力100 Wの広帯域パワー・アンプ	トランジスタ技術 2006年10月号	6	2006_10_122.pdf

記事タイトル	掲載号	ページ数	PDFファイル名
小型高効率パワー・アンプの製作	トランジスタ技術 2006年10月号	7	2006_10_187.pdf
低ひずみ15 Wパワー・アンプの設計と製作(改良編)～ひずみ率0.001 %@10 kHzを実現～	トランジスタ技術 2006年10月号	8	2006_10_236.pdf
グラフィック・イコライザの製作	トランジスタ技術 2006年11月号	7	2006_11_185.pdf
雑音発生器を利用した簡易音源	トランジスタ技術 2007年1月号	6	2007_01_221.pdf
miniSDを使ったMP3ヘッドホン製作記	トランジスタ技術 2007年2月号	16	2007_02_134.pdf
プロの回路設計手順を疑似体験	トランジスタ技術 2007年10月号	13	2007_10_163.pdf
バッテリ機器向けの1.4 W@8ΩモノラルD級アンプ	トランジスタ技術 2008年3月号	6	2008_03_134.pdf
100 W@4ΩのステレオD級パワー・アンプ	トランジスタ技術 2008年3月号	9	2008_03_140.pdf
指で触ると音が鳴る"タッチ楽器"の製作	トランジスタ技術 2009年12月号	8	2009_12_220.pdf
20 W×2を8 mm角で出力! ワンチップD級アンプMAX9708	トランジスタ技術 2010年4月号	8	2010_04_170.pdf
オーディオ用OPアンプで作るミニ・パワー・アンプ	トランジスタ技術 2010年9月号	1	2010_09_129.pdf
オーディオOPアンプで作るヘッドホン・アンプ	トランジスタ技術 2010年9月号	8	2010_09_130.pdf
出力7 Wのパワー・アンプの製作	トランジスタ技術 2010年9月号	7	2010_09_138.pdf

高性能OPアンプ

(トランジスタ技術 2001年3月号)　19ページ

低電源電圧，低消費電力システム向けとして，以下のOPアンプを用いる回路が紹介されています．
- 高出力電流＆レール・ツー・レールOPアンプ AD8532
- 単電源動作＆ロー・ノイズOPアンプ LMV751/TLC2201
- 低ひずみ率＆高速OPアンプ OPA340/350/2340/2350
- 低ノイズ＆低入力オフセット電圧OPアンプ TLC4501/4502
- 超低電圧動作OPアンプ NJU7096
- 容量負荷に強い万能OPアンプ MAX4132

MAX4132の応用例として，電流駆動型オーディオ用パワー・アンプ(約20 W出力)を設計しています．

最新オーディオ用D級アンプ

(トランジスタ技術 2001年3月号)　15ページ

D級アンプICを使った回路例が紹介されています．
- 5 V単一電源，出力2 W＋2 WのワンチップD級アンプ TPA2000D2
- 出力15 WのモノラルD級パワー・アンプ TDA7482
- 出力38 Wでヒートシンク不要のD級アンプ・コントローラ LX1710/1711
- 最大出力170 WのD級アンプ・コントローラ LM4651N
- スペクトラム拡散技術を応用したD級アンプ TA1101B
- 出力50 W＋50 W，効率90 %のワンチップD級アンプ TDA8920J

ヘッドホン・アンプを設計・製作する

（トランジスタ技術 2002年4月号）　11ページ

OPアンプの出力にエミッタ接地のコンプリメンタリ・バッファをつないだステレオ・ヘッドホン・アンプです（**写真1**）．15V出力のACアダプタを3端子レギュレータで12Vに落として電源にしています．電源電圧の中点6Vをコンプリメンタリ・エミッタ・フォロワで作ります．8Ω負荷だと1.8Wの出力が出せます．

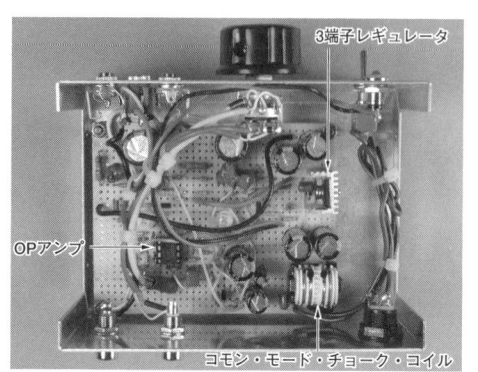

写真1　ヘッドホン・アンプ

真空管アンプ用スイッチング電源の製作

（トランジスタ技術 2002年10月号）　4ページ

真空管アンプのプレート用高圧電源，ヒータ用のA電源，プリアンプなどに使えるOPアンプ用±電源をひとまとめにしたスイッチング電源です（**写真2**）．出力用真空管が2本で出力1～3W程度のステレオ・アンプで使える仕様にしています．

写真2　真空管アンプ用スイッチング電源

オーディオ・デバイス実用回路集

（トランジスタ技術 2003年1月号）　7ページ

定番のRIAAイコライザ回路やOPアンプを使ったヘッドホン・アンプ，オーディオ・ミキシング回路，専用ICで構成するワイド・サラウンド＆トーン・コントロール回路，ヒートシンクなしで50W以上を出力するディジタル・パワー・アンプなど，合計13種類の回路が紹介されています．

CD-Rドライブ用エラー表示＆ジッタ検出回路の製作

（トランジスタ技術 2003年2月号）　8ページ

CD-Rドライブに搭載された信号処理用LSIからエラー・モニタ出力を引き出し，エラー訂正の状態をLEDに表示します．また，記録信号を構成するピットやランドの長さがどれだけばらついているか，PLL回路を使ってモニタします．

汎用ロジックICで作る1W出力のディジタル・アンプ

（トランジスタ技術 2003年8月号）　8ページ

5個の汎用ロジックICを使ってD級アンプを製作しています（**写真3**）．電源電圧5Vで1Wの出力を得ます．出力フィルタ・コイルの作り方やプリント基板パターンが紹介されています．

写真3　汎用ロジックICで製作した1W出力のディジタル・アンプ

IC 1個とMOSFET 4個で作る簡単パワー・アンプ

(トランジスタ技術 2003年8月号)　6ページ

　圧電スピーカ駆動用として作られたNJU8752（新日本無線）の応用例です．パワーMOSFETとの相性が良く，簡単に大出力D級アンプが作れます．電源電圧を上げればパワーアップも可能です．記事ではDC100V電源で出力320 W（負荷10 Ω）を実現しています．

100 W出力の本格ディジタル・パワー・アンプ

(トランジスタ技術 2003年8月号)　6ページ

　汎用OPアンプとロジックIC，パワー MOSFET，高耐圧ゲート・ドライブICを組み合わせて100 W出力（8 Ω負荷）のD級アンプを製作しています（**写真4**）．200 V耐圧のハーフ・ブリッジ・ドライバIR2010を用いています．

電子オルゴールの実験と製作

(トランジスタ技術 2005年10月号)　8ページ

　PSoCマイコンを使った4ボイスのオルゴール音発生器です．積和演算機能を使っています．正弦波の波形データにエンベロープ・データを乗じて減衰音を得て，各ボイスの波形を合成します．これを8ビットのD-Aコンバータで出力します．

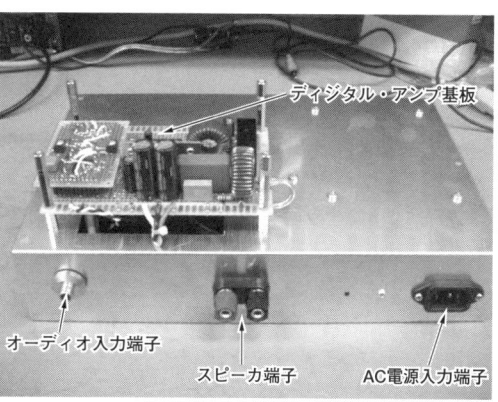

写真4　100 W出力の本格ディジタル・パワー・アンプ

CY8C27443を使ったギター・エフェクタの試作／CY8C27443を使ったギター・エフェクタのプログラミング

(トランジスタ技術 2004年6月号/7月号)
7ページ　9ページ

　PSoCマイコンを使ったギター・エフェクタの製作例です（**写真5**）．使用したPSoC基板以外に必要なのは2個のコンデンサと1個の抵抗，入出力ジャックと電源だけです．入力アンプ，整流，A-D変換，ROMテーブルを使ってのクリッピング処理，D-A変換，出力アンプといった機能がワンチップで実現できます．

最大遅延0.1 sのディジタル・エコーの製作

(トランジスタ技術 2005年3月号)　6ページ

　PSoCマイコンを使ったディジタル・エコー回路の製作例です（**写真6**）．アンプやミキサは内蔵のアナログ・モジュールを使い，A-D変換した信号の遅延に1536バイトのRAMを使います．サンプリング周波数を15.6 kHzにするとおよそ0.1秒の遅延が得られます．入出力カップリングのCRと電源をつなぐだけで回路が出来上がります．

写真5　ギター・エフェクタ

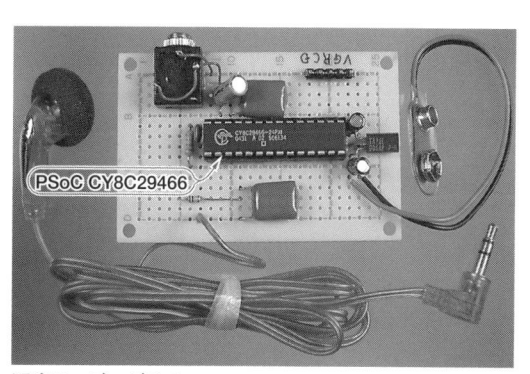

写真6　ディジタル・エコー

連載 はじめての電子回路工作

(トランジスタ技術 2006年6月号～2007年1月号)

全48ページ

- オーディオ・アンプの製作(6月号, 6ページ)
  CMOSインバータICを6個並列接続した1W出力のモノラル・アンプです．どのような音が出るのでしょうか．
- ひずみ系エフェクタの製作(7月号, 7ページ)
  クリッピング・アンプによるひずみ系エフェクタの製作です．
- 位相シフト・エフェクタの製作(8月号, 7ページ)
  低周波発振回路で移相器を制御する，位相シフト・エフェクタの製作です．揺れ動いたり回転するような音が生まれます．
- 自動レベル調整アンプの製作(9月号, 8ページ)
  OPアンプとJFETを使った自動レベル調整アンプの製作です．
- 小型高効率パワー・アンプの製作
  (10月号, 7ページ)
  最大出力約1WのD級アンプの製作です．CMOSインバータICとパワーMOSFETを使っています．
- グラフィック・イコライザの製作(11月号, 7ページ)
  特定の周波数の信号を選択的に増減できるグラフィック・イコライザの製作です．OPアンプを使ったシミュレーテッド・インダクタとコンデンサを組み合わせた直列共振回路で実現しています．
- 雑音発生器を利用した簡易音源
  (2007年1月号, 6ページ)
  ツェナー・ダイオードを使ったホワイト雑音発生回路の製作です．

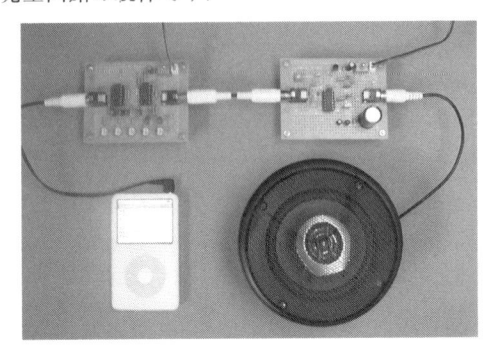

写真7　グラフィック・イコライザ
連載の実験環境．左の基板(エフェクタなど)と右の基板(アンプ)が各回の製作物に置き換わる．

スピーカを鳴らせる 11石のパワー・アンプ

(トランジスタ技術 2006年7月号)　**11ページ**

トランジスタ技術2006年7月号には，実験用プリント基板が付属されていました．この基板を使って単電源で動作する11石パワー・アンプを製作しています(**写真8**)．単電源で12Vなら約1W(8Ω負荷)の出力が，少し手を加えて±電源仕様にすると±9V電源で約1.5Wが出ます．

写真8　11石パワー・アンプ

低ひずみ15Wパワー・アンプの 設計と製作

(トランジスタ技術 2006年8月号/9月号/10月号)

製作編5ページ　**設計編6ページ**　**改良編8ページ**

2006年7月号の11石パワー・アンプを改良し，最大出力15Wを目指した記事です(**写真9**)．電源トランスの選び方や放熱器の選び方，バイアス回路の設計，ひずみ率の改善方法など，等価回路でのシミュレーションを交えて解説しています．

写真9　低ひずみ15Wパワー・アンプ

miniSDを使った MP3ヘッドホン製作記

（トランジスタ技術 2007年2月号） 16ページ

　miniSDカードに記録した音楽データを再生する機能を持つヘッドホンの製作です（写真10）．全体制御にATmega168，MP3デコードにVS1011（VLSI Solution社），SDカードの制御にAU9331（ALCOR社）を使用し，ラジコン用のリチウム・ポリマ2次電池で動作します．

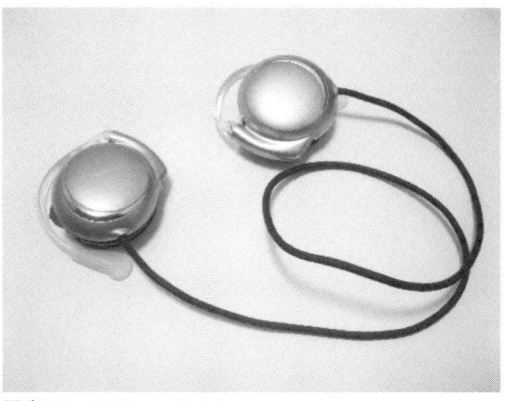

写真10　MP3ヘッドホン

小型放熱器で200Wを出力するオーディオ用パワー・アンプ／DC～100 kHz, 出力100 Wの広帯域パワー・アンプ

（トランジスタ技術 2006年10月号） 6ページ

　高効率オーディオ・パワー・アンプICを使った100 W（4Ω）×2出力のアンプと，スイッチング用パワーMOSFETを使ったAB級リニア・パワー・アンプです．

プロの回路設計手順を疑似体験

（トランジスタ技術 2007年10月号） 13ページ

　ヘッドホン・アンプの設計を題材とした開発ストーリです．依頼を受けてから試作を終えるまでの物語です．

バッテリ機器向けの1.4 W＠8Ω モノラルD級アンプ

（トランジスタ技術 2008年3月号） 6ページ

　Texas Instruments社のTPA2005D1による高効率D級パワー・アンプの製作事例です（写真11）．このICは，スピーカ・ケーブルの長さが10 cm以下だとフィルタが不要です．また，シャットダウンさせると待機電流0.5 μAまで低下します．

写真11　1.4 W＠8ΩモノラルD級アンプ

100 W＠4Ωの ステレオD級パワー・アンプ

（トランジスタ技術 2008年3月号） 9ページ

　NXP Semiconductors社のTDA8920Bによる100 Wステレオ出力のD級オーディオ・パワー・アンプの設計事例です（写真12）．BTL出力にすることで210 W（6Ω負荷）にパワーアップできます．記事では，電源に19 V×2・1.8 Aのトランスを使ったときと，±27 V出力のスイッチング電源を使った場合との特性を比較しています．

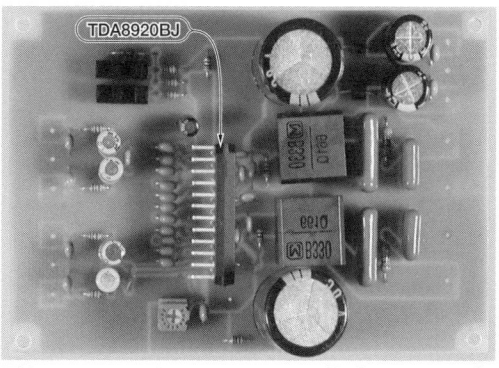

写真12　100 W＠4ΩのステレオD級パワー・アンプ

指で触ると音が鳴る"タッチ楽器"の製作

（トランジスタ技術 2009年12月号）　**8ページ**

　5列5行で配置したポリウレタン線に触れると音が鳴る楽器の製作事例です（**写真13**）．XYのタッチ位置をそれぞれ0～100の値で得て，PWMで音程と音量を制御します．XYデータはI^2CやUSBで出力することも可能です．PSoCマイコンを使用しています．

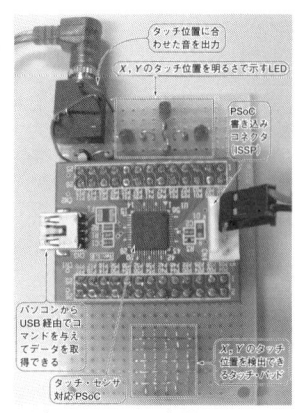

写真13　タッチ楽器

20 W×2を8 mm角で出力！ワンチップD級アンプMAX9708

（トランジスタ技術 2010年4月号）　**8ページ**

　Maxim Integrated Products社のMAX9708を使用したD級パワー・アンプの製作事例です（**写真14**）．放熱器なしで20 W（電源電圧18 V，負荷8 Ω）のステレオ出力が可能です．BTL接続してモノラルで使うと最大40 Wになります．アンプのすぐそばにスピーカがある一体型の用途では出力フィルタが不要です．

写真14　MAX9708評価基板

オーディオ用OPアンプで作るミニ・パワー・アンプ／オーディオOPアンプで作るヘッドホン・アンプ／出力7 Wのパワー・アンプの製作

（トランジスタ技術 2010年9月号）　**1ページ**　**8ページ**　**7ページ**

　新日本無線のオーディオ用OPアンプを使ったヘッドホン・アンプやパワー・アンプの製作事例です（**写真15**）．設計した回路をLTspiceでシミュレーションしてから製作しています．

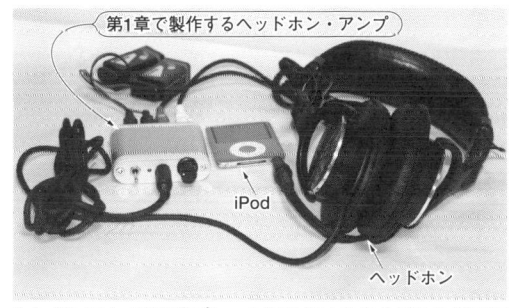

(a) パソコンやMP3プレーヤにつないで自分だけの世界に浸れるヘッドホン・アンプ

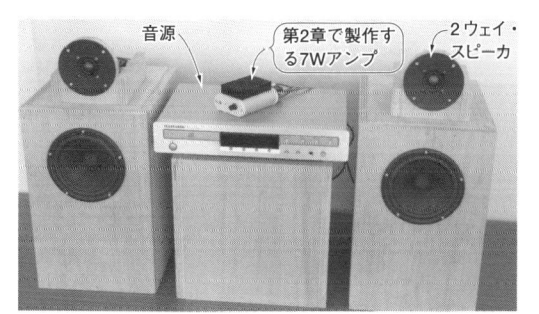

(b) スピーカを鳴らせる7 W出力のパワー・アンプ

写真15　ヘッドホン・アンプとパワー・アンプ

第8章 LCD/LED表示

画像表示装置や照明装置など光の応用事例
下間 憲行

　ここでは，画像表示や照明などで用いるLCD/LED表示技術の応用事例を集めています（**表1**）．蛍光灯などの照明装置も含みます．

　時代は液晶表示器（LCD）と発光ダイオード（LED）です．表示器は，ブラウン管（CRT）からLCDに，照明は白熱電球や蛍光灯からLEDになりました．

　画像表示関連では，LCDへの映像インターフェース回路やビデオ信号変換回路の製作例が参考になるでしょう．

　照明関連では，電池1本で光るLED駆動回路から，扱う電力が大きな蛍光灯用インバータ回路まで，さまざまな用途の回路があります．

表1 LCD/LED表示に関する記事の一覧（複数に分類される記事は，他の章で概要を紹介している場合がある）

記事タイトル	掲載号	ページ数	PDFファイル名
PHS用小型カメラ"Treva"をパソコンに接続する方法	トランジスタ技術 2002年4月号	5	2002_04_291.pdf
ネットワーク電光掲示板の製作	トランジスタ技術 2002年8月号	10	2002_08_208.pdf
ビデオ・デバイス実用回路集	トランジスタ技術 2003年1月号	9	2003_01_196.pdf
蛍光灯インバータの設計と製作（前編）	トランジスタ技術 2005年9月号	7	2005_09_226.pdf
蛍光灯インバータの設計と製作（後編）	トランジスタ技術 2005年10月号	8	2005_10_235.pdf
交流電源から直接駆動できるLED照明の製作	トランジスタ技術 2006年2月号	6	2006_02_167.pdf
LED応用製作事例集	トランジスタ技術 2006年2月号	10	2006_02_173.pdf
35 W HIDランプ用バラストの設計と製作	トランジスタ技術 2006年2月号	13	2006_02_220.pdf
小型グラフィック液晶表示器で作る簡易温度計	トランジスタ技術 2006年3月号	8	2006_03_262.pdf
28 W蛍光灯用インバータ式点灯回路 / 10 W直管型蛍光灯用インバータ回路 / 12 Vバッテリで動作する35 W定電力スイッチング電源回路 / 50 W出力の小型絶縁DC-DCコンバータ	トランジスタ技術 2006年10月号	10	2006_10_130.pdf
電池1本で動く白色LED点滅回路	トランジスタ技術 2007年2月号	8	2007_02_208.pdf
簡易テレビ・オシロスコープ	トランジスタ技術 2007年4月号	9	2007_04_218.pdf
立体映像記録／再生装置の製作	トランジスタ技術 2007年6月号	6	2007_06_187.pdf
明るさを比較できる簡易LEDテスタの製作	トランジスタ技術 2007年11月号	4	2007_11_210.pdf
1分の充電で30分点灯！LED懐中電灯の製作	トランジスタ技術 2008年1月号	7	2008_01_194.pdf
0.71 Vでも起動する高効率白色LED点灯回路	トランジスタ技術 2008年5月号	1	2008_05_270.pdf
D端子-VGA端子変換器の製作	トランジスタ技術 2008年11月号	7	2008_11_163.pdf
単相200 V用蛍光灯インバータ	トランジスタ技術 2009年10月号	6	2009_10_182.pdf
夜間診療を可能にする蛍光灯ランタンの製作	トランジスタ技術 2009年12月号	2	2009_12_241.pdf
真冬に2日で発芽！LED照明を使った育苗器	トランジスタ技術 2010年2月号	6	2010_02_163.pdf
PSoC 3CY8C3866を使ったブロック崩しゲームの製作	トランジスタ技術 2010年11月号	7	2010_11_173.pdf

PHS用小型カメラ"Treva"をパソコンに接続する方法

(トランジスタ技術 2002年4月号) 5ページ

　PHS電話機用のカラー・ディジタル・カメラ・ユニットをパソコンのシリアル・ポートに接続します(写真1).PHSのイヤホン・マイク端子につながる4極プラグの信号をシリアル・ポートで制御して,BMPファイルとして画像を保存します.電源供給はUSBコネクタを使います.

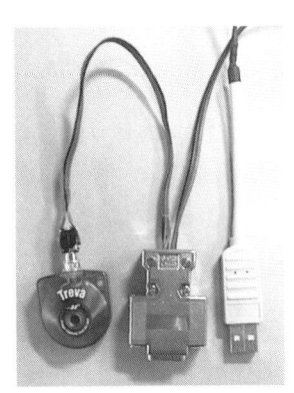

写真1　PHS用小型カメラをパソコンに接続

蛍光灯インバータの設計と製作

(トランジスタ技術 2005年9月号/10月号)

前編7ページ　後編8ページ

　前編では蛍光灯の点灯方式からインバータ回路の設計方法を解説しています.力率改善回路で使うPFC用ICにもさまざまな種類があり,その特徴の説明もあります.

　後編では,スイッチング波形などの測定を行いながら,20型蛍光灯を2灯駆動する回路を仕上げます(写真2).

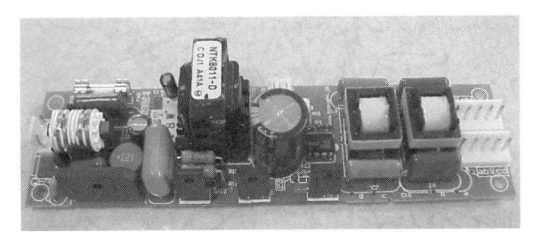

写真2　インバータ基板

交流電源から直接駆動できるLED照明の製作

(トランジスタ技術 2006年2月号) 6ページ

　LEDを交流電源から直接ドライブできる3種類の回路が紹介されています.
- 高電圧定電流ICを使って20 mAのLEDを30個点灯
- 高電圧簡易スイッチング電源ICを使って20 mAのLEDを6個点灯
- 高電圧定電流スイッチング電源ICを使用した4 WのLEDランプ(写真3)

写真3　LEDランプ

ビデオ・デバイス実用回路集

(トランジスタ技術 2003年1月号) 9ページ

　さまざまなビデオ用ICの解説です.信号切り替えスイッチに使える出力バッファ付きアナログ・スイッチや16入力8出力のクロスポイント・スイッチ,10ビット分解能のビデオ信号処理用高速A-Dコンバータなどが紹介されています.

LED応用製作事例集

(トランジスタ技術 2006年2月号) 10ページ

　LEDを使った三つの工作事例です.
- オートバイの電球式ストップ・ランプのLED化
- 懐中電灯の電球を1Wの白色LEDに交換
- 紫外線硬化型接着剤を固めるための紫外線ライト

35W HIDランプ用バラストの設計と製作

（トランジスタ技術 2006年2月号） 13ページ

2種類のHIDランプ（High Intensity Discharge lamp：高輝度放電ランプ）に対応したインバータ回路の製作です（**写真4**）．車載用と店舗照明用などとではランプの封入ガスが異なり，同じ回路で駆動することはできません．ここでは部品の選択とマイコンのソフトウェアを工夫し，回路の共用化を試みています．

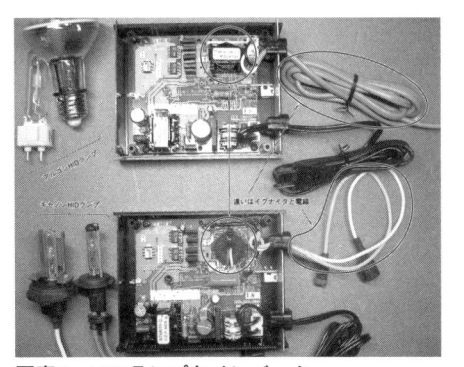

写真4　HIDランプとインバータ

電池1本で動く白色LED点滅回路

（トランジスタ技術 2007年2月号） 8ページ

乾電池1本の電圧を，コイルを使わずに昇圧し，白色LEDを点灯させます（**写真5**）．マルチバイブレータで駆動するチャージポンプ回路（タイミングを合わせてコンデンサへの充放電を繰り返す）の働きで白色LEDが点滅します．

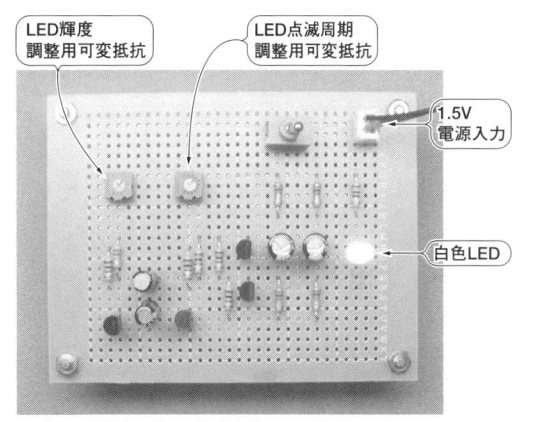

写真5　電池1本で動く白色LED点滅回路

簡易テレビ・オシロスコープ

（トランジスタ技術 2007年4月号） 9ページ

家庭用テレビ（アナログ方式）をオシロスコープとして使う回路の設計です．タイマICで水平同期信号を作り，入力信号とタイマICが出すノコギリ波から白のスポット信号を作ります．これを合成して家庭用テレビのビデオ入力に入れると，オシロスコープで見た信号波形のようなものが画面に出てきます．

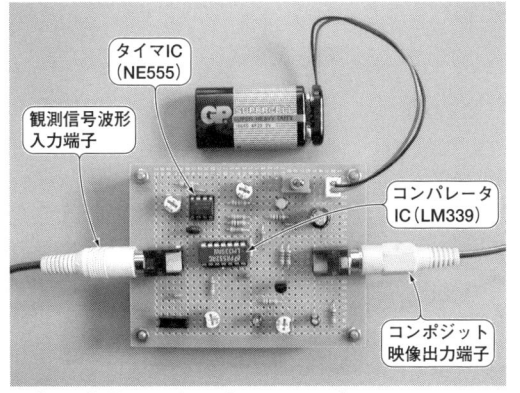

写真6　簡易テレビ・オシロスコープ

立体映像記録／再生装置の製作

（トランジスタ技術 2007年6月号） 6ページ

赤青眼鏡を使った立体視の実験です．外部同期が使えるVBS（Video and color Burst signal Sync）機能を持つビデオ・カメラを2台使い，ステレオ撮影を行います（**図1**）．偶／奇フィールドのタイミングで左右の映像信号をビデオ・スイッチで切り替え，G＋B信号とR信号を交互に表示します．

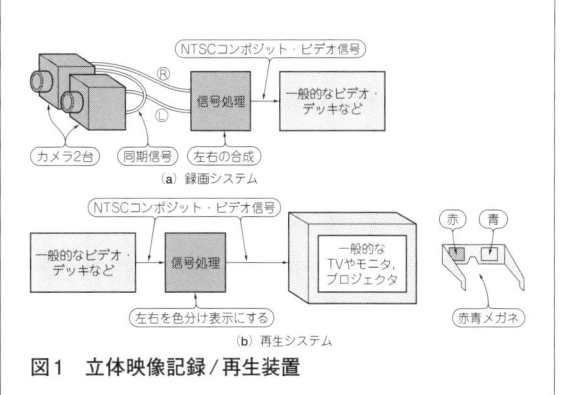

図1　立体映像記録／再生装置

明るさを比較できる簡易LEDテスタの製作

（トランジスタ技術 2007年11月号） **4ページ**

2個のLEDを比較する際に用いるツールです（**写真7**）．それぞれのLEDに対して独立した電流値が設定でき，順方向電圧を表示します．同じLEDを電流値を変えて光らせたり，同じ電流で異なるLEDを光らせたりして比較する際に便利です．AVRマイコンのPWM出力で，二つのLEDを駆動する定電流回路を制御しています．

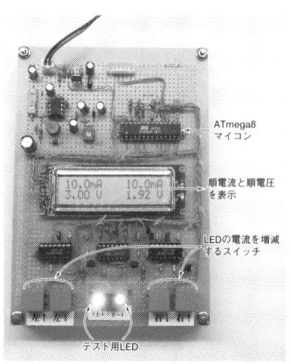

写真7　簡易LEDテスタ

1分の充電で30分点灯！LED懐中電灯の製作

（トランジスタ技術 2008年1月号） **7ページ**

12Vの外部電源をつなぎ，1分間充電すると0.5WのパワーLEDを30分間点灯できる装置です（**写真8**）．100Fの大容量電気二重層キャパシタを3並列2直列に接続して150Fで使います．キャパシタのCVCC充電回路を工夫しています．

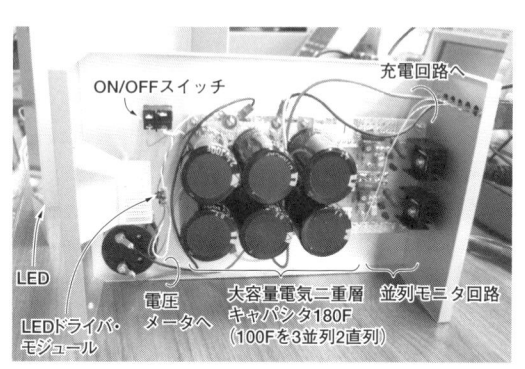

写真8　LED懐中電灯

0.71Vでも起動する高効率白色LED点灯回路

（トランジスタ技術 2008年5月号） **1ページ**

単3型アルカリ電池1本で白色LEDを約1週間点灯できる回路です（**写真9**）．コイルと3個のトランジスタを使って昇圧します．電池電圧が下がるとLEDも暗くなりますが，0.7V近くまで点灯を続けます．

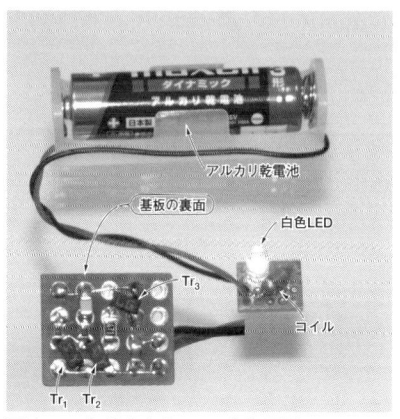

写真9　高効率白色LED点灯回路

D端子-VGA端子変換器の製作

（トランジスタ技術 2008年11月号） **7ページ**

パソコンのディスプレイに地デジの映像を映すためのアダプタです（**写真10**）．D端子出力を色信号変換して，アナログVGA入力を持つディスプレイにつなぎます．色変換した出力を，高解像度映像信号用ビデオ・バッファ・アンプで増幅して出力します．

写真10　D端子-VGA端子変換器

単相200V用蛍光灯インバータ

(トランジスタ技術 2009年10月号) 6ページ

電源電圧200Vで使える蛍光灯用インバータ回路です(**写真11**). 100V用との設計の違いや制御回路の電源を得る方法, パワーMOSFETの選定や発熱の様子の解説もあります.

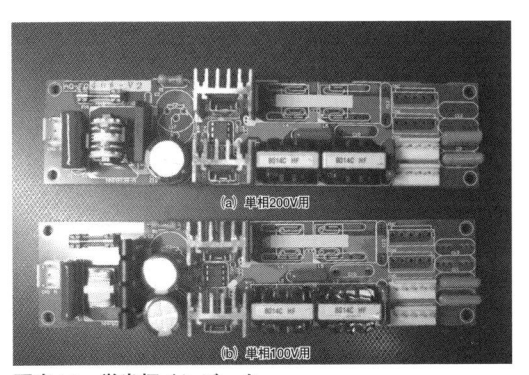

写真11 蛍光灯インバータ

夜間診療を可能にする蛍光灯ランタンの製作

(トランジスタ技術 2009年12月号) 2ページ

ソーラ・パネルで充電した自動車用バッテリで点灯する小型蛍光灯です(**写真12**). バッテリの充放電管理と, 蛍光灯の駆動回路にコンパレータICを使います. 蛍光灯はフィラメントの予熱を行って点灯開始電圧を下げています.

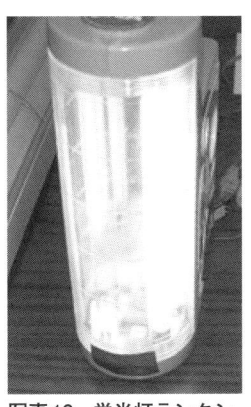

写真12 蛍光灯ランタン

真冬に2日で発芽！LED照明を使った育苗器

(トランジスタ技術 2010年2月号) 6ページ

LED照明を用いて発芽と生長を促進する育苗器の製作です(**図2**). 75Wクラスのソーラ・パネルで, 自動車用鉛蓄電池を充電して電源にします. 日暮れを検出すると, 育苗器内を白色パワーLEDで照らします. 点灯後は約3時間で自動消灯します.

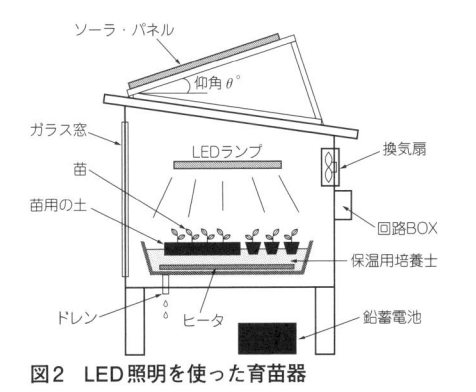

図2 LED照明を使った育苗器

PSoC3 CY8C3866を使ったブロック崩しゲームの製作

(トランジスタ技術 2010年11月号) 7ページ

PSoC3の評価キットCY8CKITを使った, VGAモニタに画像を表示するブロック崩しゲームです(**写真13**). 内蔵RAMをビデオ・バッファにして, 4色カラーを128×96ドットで出力します. 水平, 垂直同期信号やビデオ・データの出力はUDB(Universal Digital Block)とDMAだけで実現しています.

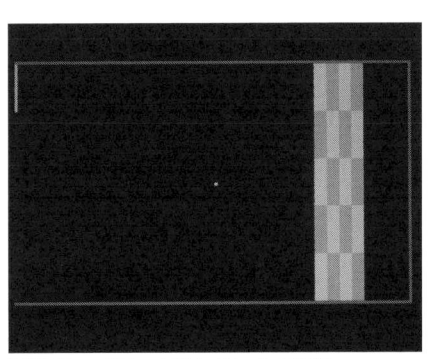

写真13 ブロック崩しゲームの画面

第9章 計測ツール

My計測器や計測に使う補助回路を作る
下間 憲行

　計測ツールの製作では，非常に幅広い知識が必要です．計測器そのものを作るだけでなく，計測に使う補助回路の製作もこのジャンルです．例えば，センサが出力する信号を受けて増幅や補正を行う変換回路や動作確認や回路実験のための信号発生器，測定系の校正用回路などがあります．

　計測ツールは，さまざまな物理量を扱いますが，多くの場合，センサが得た信号を電圧に変換してから処理を行います．温度や圧力，照度，磁気，多くのセンサが出力する信号は，変換回路を経て，電圧になります．スケールの合った目盛板を付けたメータをつなげば直読できるし，A-D変換すれば数値が得られます．

　しかし，周波数や時間を計測対象として見た場合，ディジタル回路で直接計数できるので電圧測定とは性質が異なります．

　ここでは，さまざまな計測器の製作記事をまとめています(表1)．電圧や電流，抵抗，電力，周波数，など電気が直接かかわる数値の測定だけでなく，温度や湿度などの物理量を測定し，警報を出したり，その値を使ってフィードバック制御を行う装置もあります．センサ周りの回路と，それぞれの処理に適したマイコンの選定が参考になります．

表1　計測ツールに関する記事の一覧(複数に分類される記事は，他の章で概要を紹介している場合がある)

記事タイトル	掲載号	ページ数	PDFファイル名
気象観測ボードの製作とネットワーク対応システムの構築	トランジスタ技術 2001年6月号	10	2001_06_261.pdf
3相交流用ハンディ位相計の製作	トランジスタ技術 2001年6月号	3	2001_06_310.pdf
DCパワー・メータの製作	トランジスタ技術 2001年8月号	6	2001_08_306.pdf
高周波プローブの製作	トランジスタ技術 2002年1月号	6	2002_01_135.pdf
電子消音システムの製作	トランジスタ技術 2002年3月号	16	2002_03_223.pdf
ゲート・ディップ・メータの製作	トランジスタ技術 2002年5月号	6	2002_05_107.pdf
サーミスタ室温計の製作	トランジスタ技術 2003年1月号	6	2003_01_115.pdf
静電容量型電子湿度計の製作	トランジスタ技術 2003年2月号	6	2003_02_107.pdf
静電容量型水位センサによる電子雨量計の製作	トランジスタ技術 2003年3月号	6	2003_03_119.pdf
USB重力マウスの試作	トランジスタ技術 2003年3月号	6	2003_03_155.pdf
高速レンジ切り替え可能なクーロン・メータの製作	トランジスタ技術 2003年3月号	10	2003_03_275.pdf
照度計/紫外線計の製作	トランジスタ技術 2003年4月号	6	2003_04_115.pdf
ダイオードによる熱式風速計の製作	トランジスタ技術 2003年5月号	6	2003_05_095.pdf
サーモパイル・センサによる非接触温度計の設計と製作	トランジスタ技術 2003年5月号	10	2003_05_233.pdf
ホール素子を使ったガウス・メータの製作	トランジスタ技術 2003年6月号	6	2003_06_107.pdf
においレベル測定器の製作	トランジスタ技術 2003年7月号	6	2003_07_107.pdf
ほこり測定器の製作	トランジスタ技術 2003年8月号	6	2003_08_115.pdf
ひずみゲージを使った電子はかりの製作	トランジスタ技術 2003年9月号	6	2003_09_107.pdf
個別半導体の特性パラメータ測定器の製作〈前編〉電源回路部の製作	トランジスタ技術 2003年9月号	11	2003_09_263.pdf
電子気圧計の製作	トランジスタ技術 2003年10月号	6	2003_10_099.pdf
個別半導体の特性パラメータ測定器の製作〈後編〉制御回路とソフトウェアの制作	トランジスタ技術 2003年10月号	11	2003_10_257.pdf

記事タイトル	掲載号	ページ数	PDFファイル名
衝撃測定器の製作	トランジスタ技術 2003年11月号	6	2003_11_105.pdf
指紋認証のしくみと高精度指紋鍵の製作	トランジスタ技術 2003年11月号	14	2003_11_249.pdf
人体検知器の製作	トランジスタ技術 2003年12月号	6	2003_12_109.pdf
周波数スイープ・ジェネレータの製作	トランジスタ技術 2004年5月号	6	2004_05_237.pdf
多機能周波数カウンタの製作	トランジスタ技術 2005年2月号	10	2005_02_227.pdf
R8C/Tinyマイコンで作るデータ・レコーダ	トランジスタ技術 2005年6月号	7	2005_06_253.pdf
リモコン ON/OFF タイマの製作	トランジスタ技術 2005年7月号	10	2005_07_256.pdf
パソコンを使った充放電モニタの製作	トランジスタ技術 2005年8月号	8	2005_08_199.pdf
RCサーボ・モータを使ったアナログ温度計の製作	トランジスタ技術 2005年8月号	8	2005_08_232.pdf
携帯電話を使った監視カメラの製作	トランジスタ技術 2005年9月号	8	2005_09_239.pdf
正弦波DDSの製作(前編)	トランジスタ技術 2005年10月号	8	2005_10_249.pdf
正弦波DDSの製作(後編)	トランジスタ技術 2005年11月号	7	2005_11_233.pdf
DDS IC を使った低周波発振器の製作	トランジスタ技術 2005年12月号	10	2005_12_239.pdf
静電容量方式タッチ・センサの製作	トランジスタ技術 2005年12月号	8	2005_12_249.pdf
3軸加速度センサMMA7260Q	トランジスタ技術 2006年1月号	4	2006_01_191.pdf
スライディング・モードによる回転角度制御の実験	トランジスタ技術 2006年1月号	10	2006_01_248.pdf
電子コンパス用IC HM55B	トランジスタ技術 2006年2月号	5	2006_02_204.pdf
無線でコントロールできる加速度計の製作	トランジスタ技術 2006年2月号	11	2006_02_248.pdf
アンプ＆検波回路内蔵のワンチップ・マイコン μPD789863/4試用レポート	トランジスタ技術 2006年2月号	10	2006_02_259.pdf
小型グラフィック液晶表示器で作る簡易温度計	トランジスタ技術 2006年3月号	8	2006_03_262.pdf
MMCカード用リード/ライト・インターフェースの製作	トランジスタ技術 2006年4月号	9	2006_04_262.pdf
テスタの交流電圧の測定範囲が広がるアダプタ	トランジスタ技術 2006年7月号	3	2006_07_147.pdf
出力周波数をマイコンで制御する	トランジスタ技術 2006年9月号	7	2006_09_200.pdf
ペルチェを使った範囲±50℃，誤差0.01℃以内の恒温槽の製作(設計編)	トランジスタ技術 2007年3月号	7	2007_03_259.pdf
ペルチェを使った範囲±50℃，誤差0.01℃以内の恒温槽の製作(製作編)	トランジスタ技術 2007年5月号	10	2007_05_262.pdf
DC～100 kHzの100 Wリニア・アンプの製作	トランジスタ技術 2007年7月号	9	2007_07_214.pdf
ラバー・ヒータを使った温度範囲50℃～150℃の恒温オイル槽の設計と製作	トランジスタ技術 2007年7月号	8	2007_07_266.pdf
0℃温度校正システムの製作	トランジスタ技術 2007年9月号	8	2007_09_258.pdf
DSP＆高性能アナログ搭載 MAXQ3120/2120	トランジスタ技術 2007年10月号	10	2007_10_176.pdf
SDカード使用の携帯加速度ロガー	トランジスタ技術 2007年12月号	11	2007_12_098.pdf
±90°±0.5°，応答2秒の1軸傾斜計	トランジスタ技術 2007年12月号	11	2007_12_122.pdf
OPアンプを2個内蔵するMSP430F2274	トランジスタ技術 2008年4月号	8	2008_04_205.pdf
PSoCで作るLED表示のワンチップ温度計	トランジスタ技術 2008年4月号	7	2008_04_261.pdf
ラジオ時報で時刻を校正する高精度ディジタル時計の製作	トランジスタ技術 2008年7月号	9	2008_07_243.pdf
8パラAVRでA-D変換するUSBオシロスコープ	トランジスタ技術 2009年1月号	8	2009_01_247.pdf
温度/湿度計測システムの設計と製作	トランジスタ技術 2009年3月号	8	2009_03_236.pdf
AVRマイコンで作るロジック・スコープ	トランジスタ技術 2009年8月号	7	2009_08_190.pdf
「2温度法」を使った基準湿度発生装置の設計と製作	トランジスタ技術 2008年8月号	7	2009_08_253.pdf
PSoCを使った簡易恒温槽の製作	トランジスタ技術 2009年9月号	6	2009_09_219.pdf
RS-485の通信方向自動検出回路の製作	トランジスタ技術 2009年11月号	6	2009_11_212.pdf
ゲイン/位相/インピーダンス周波数特性測定器の製作	トランジスタ技術 2010年1月号	11	2010_01_128.pdf
高感度磁気センサとコイルで作る磁場キャンセラ	トランジスタ技術 2010年2月号	10	2010_02_179.pdf
切り忘れを監視するテーブル・タップ用	トランジスタ技術 2010年10月号	11	2010_10_154.pdf
0.1 W精度で測れる液晶ディスプレイ付き電力メータ	トランジスタ技術 2010年11月号	10	2010_11_163.pdf
無線で飛ばしてロギングする大電力測定型	トランジスタ技術 2010年12月号	11	2010_12_217.pdf

3相交流用ハンディ位相計の製作

（トランジスタ技術 2001年6月号）　3ページ

　3相交流の位相角を測定して，基準相に対して遅れているのか進んでいるのかを判定するためのツールです（写真1）．入力信号のゼロクロス・ポイント周期を測って50 Hzと60 Hzを判断し，それぞれの電源周波数に対応した位相角を液晶に表示します．3相交流モータの結線確認にも利用できます．

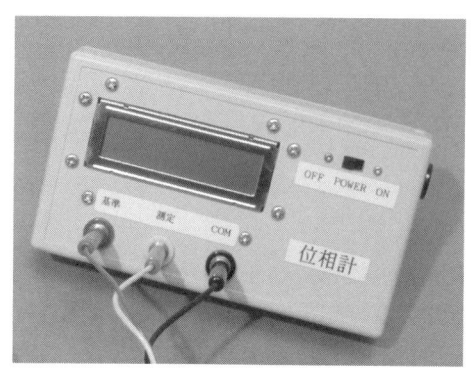

写真1　3相交流用ハンディ位相計

気象観測ボードの製作とネットワーク対応システムの構築

（トランジスタ技術 2001年6月号）　10ページ

　1ワイヤ・バス・システム対応のセンサとA-Dコンバータを使った気象観測システムです．気温と湿度，気圧，降雨データを得ます．通信制御にはDallas Semiconductor社（Maxim Integrated Products社が買収）の小型マイコン・ボードTINIを用いています．

DCパワー・メータの製作

（トランジスタ技術 2001年8月号）　6ページ

　DC-DCコンバータなどの入出力効率を調べる装置です．8チャネル入力で分解能14ビットのA-DコンバータMAX125と電流検出用IC MAX471を使っています．測定範囲は電圧3～30 V，電流0～2 Aです．AVRマイコンで制御し，シリアル通信でパソコンとやりとりします．

高周波プローブの製作

（トランジスタ技術 2002年1月号）　6ページ

　2個のダイオードで高周波を検知する2倍電圧整流型高周波プローブです．ダイオードの品種や結合コンデンサの値，負荷抵抗，グラウンド・リード線の有無や長さによる差がグラフに現れます．作って手元に置いておきたいツールです．

電子消音システムの製作

（トランジスタ技術 2002年3月号）　16ページ

　逆位相の信号を発することで消音するシステムです（写真2）．Texas Instruments社のDSP（Digital Signal Processor）TMS320C50PQを使って実現しています．DSPの演算で空間の伝達特性を推定し，音を打ち消すための信号を発生させています．

USB重力マウスの試作

（トランジスタ技術 2003年3月号）　6ページ

　重力が加わっている方向の変化でパソコンのカーソルを移動するマウスです．2軸の加速度センサADXL202とAVRマイコンAT90S2313を使って実現しています．パソコンとのインターフェースにUSBコントローラUSBN9603を使っています．

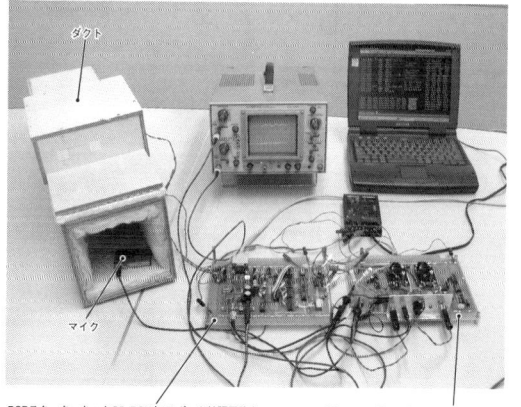

写真2　電子消音システム

高速レンジ切り替え可能なクーロン・メータの製作

(トランジスタ技術 2003年3月号) **10ページ**

　測定電流が急激に変化しても高精度に測定できるクーロン・メータです．電流検出回路のレンジ切り替えを工夫しています．

　電気量(クーロン量：単位C)は電流を時間積分したもので，電気化学の分野で用いられます．

個別半導体の特性パラメータ測定器の製作

(トランジスタ技術 2003年9月号/10月号)

前編11ページ **後編11ページ**

　トランジスタやダイオードの静特性を測定するためのツールです．電流や電圧をパソコンから設定できるプログラマブル電源回路で実現しています．電源の接続が逆になるNPNとPNPの両方を測定できるようバイポーラ出力になっています．ベース電流を受け持つ小電流出力を制御できます．

指紋認証の仕組みと高精度指紋鍵の製作

(トランジスタ技術 2003年11月号) **14ページ**

　光学透過方式の指紋センサを使ってモータ駆動の錠前を開閉するシステムです(写真4)．NECの指紋認証モジュールSA301を使っています．全体の動作はZ80互換チップが乗ったAKI-80マイコン・ボードが制御しています．指紋認証の解説もあります．

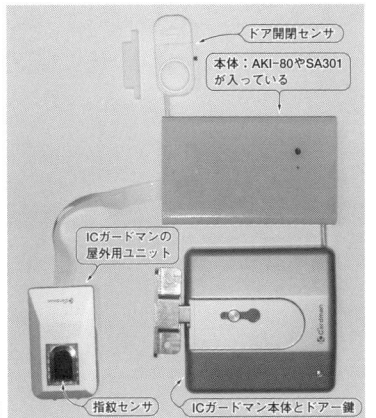

写真4 指紋鍵

サーモパイル・センサによる非接触温度計の設計と製作

(トランジスタ技術 2003年5月号) **10ページ**

　測定対象から放射される熱量を測ることで，対象物に触れなくても計測できる温度計です(写真3)．小さな熱電対を多数直列につないで出力電圧を大きくしたサーモパイル・センサを利用しています．熱電対は，ゼーベック効果によって発生する熱起電力から温度を測るセンサです．

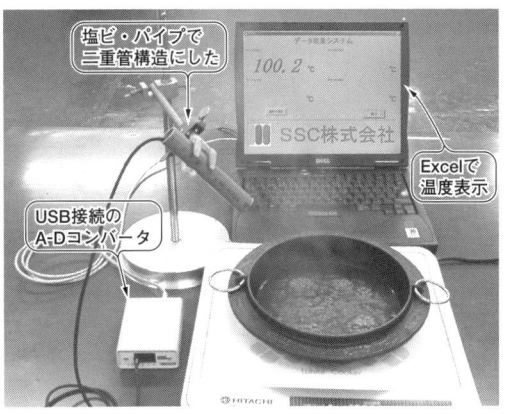

写真3 非接触温度計による測定の様子

周波数スイープ・ジェネレータの製作

(トランジスタ技術 2004年5月号) **6ページ**

　Maxim Integrated Products社のファンクション・ジェネレータIC MAX038で実現した周波数スイープ・ジェネレータです(写真5)．OPアンプで作ったノコギリ波で周波数をスイープさせます．スイープ・レンジ約200倍，最高周波数20 MHzという性能です．

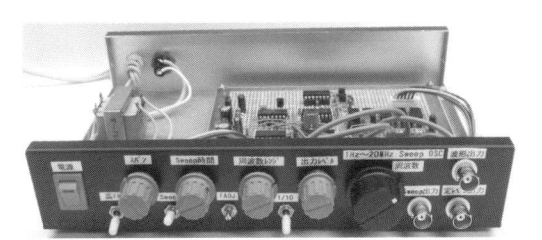

写真5 周波数スイープ・ジェネレータ

連載 作りながら学ぶ初めてのセンサ回路

(トランジスタ技術 2003年1月号～12月号)

全72ページ

センサを使った電子回路の基礎を解説する連載で，さまざまなセンサの製作例があります(写真6)．いずれも測定結果をテスタで表示できるように回路を設計しています．

● サーミスタ室温計の製作(1月号，6ページ)

サーミスタとOPアンプと組み合わせて電圧出力する温度計です．電源回路の工夫で氷点下の温度(出力電圧がマイナスになる)も測れます．サーミスタの特性とリニアライズ方法の解説もあります．

● 静電容量型電子湿度計の製作(2月号，6ページ)

感湿体の誘電率が湿度で変化することを利用して相対湿度を推定する湿度計です．プリント基板と感湿誘電体としての糊，透湿電極としての金属網でセンサを作り，静電容量変化を測定する回路と組み合わせています．校正の方法も重要です．

● 静電容量型水位センサによる電子雨量計の製作(3月号，6ページ)

電極間の静電容量変化から容器にたまった水位を推定する装置です．水に漬けても大丈夫な電源用平行コードをセンサにして，コードの片方を方形波で駆動します．反対側のコードから信号を取り出し検波，増幅して水位とします．

● 照度計/紫外線計の製作(4月号，6ページ)

フォトダイオードを使った照度計です．フォトダイオードを換えれば紫外線にも対応できます．

● ダイオードによる熱式風速計の製作
(5月号，6ページ)

シリコン・ダイオードの順方向電圧が温度で変化するのを利用した風速計です．ヒータで暖めたダイオードが，風を受けると冷却されて電圧が変化することを利用します．実際の風速と比較する校正の方法が秀逸です．

● ホール素子を使ったガウス・メータの製作

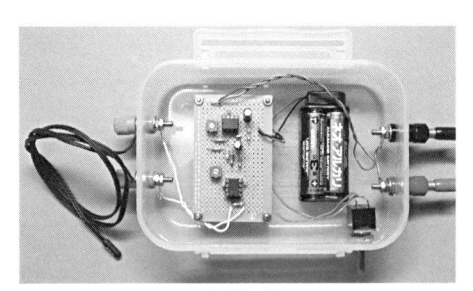

(a) 室温計

(b) 電子湿度計

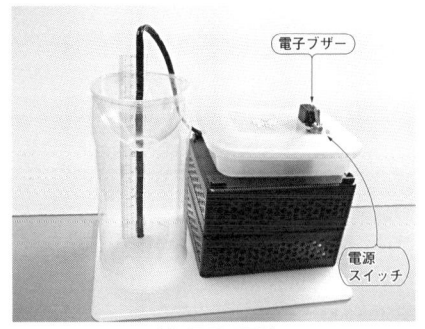

(c) 電子雨量計

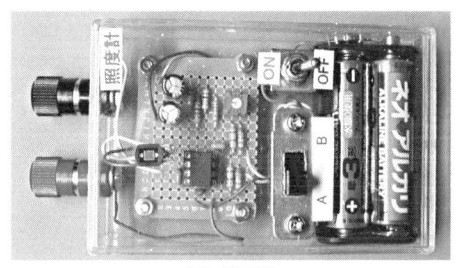

(d) 照度計

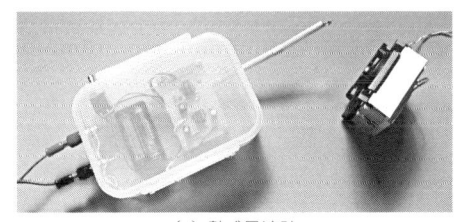

(e) 熱式風速計

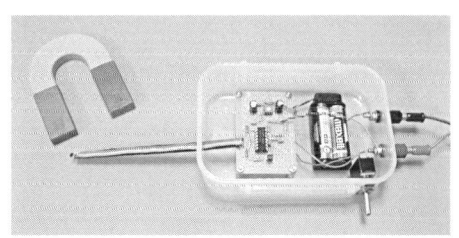

(f) ガウス・メータ

写真6 センサを利用した製作

(6月号，6ページ)

ホール素子を使った磁束測定回路です．素子に一定電流を流す定電流ドライブ回路と，N極でもS極でも検出できる計装アンプ回路で信号を取り出します．

● においレベル測定器の製作(7月号，6ページ)

半導体式ガス・センサを利用したにおい測定器です．半導体ガス・センサの原理や複数の品種のコーヒ豆を測定した結果の説明もあります．

● ほこり測定器の製作(8月号，6ページ)

フォトリフレクタを使った粉塵濃度測定器です．LEDから出た光がほこり粒子に当たって反射し，その光をフォトトランジスタがとらえます．この信号を増幅してほこりの量を推測します．室内で吸った煙草が感度の確認に使われています．

● ひずみゲージを使った電子はかりの製作
(9月号，6ページ)

重さでたわむ腕にひずみゲージを取り付けたはかりです．抵抗体に加わる圧力で抵抗値が変わることを利用したセンサがひずみゲージです．ブリッジ回路を構成したひずみゲージの抵抗値変化を，計装アンプを使って電圧の変化として読み取っています．

● 電子気圧計の製作(10月号，6ページ)

半導体圧力センサを用いた気圧計です．増幅部を切り替えると大気圧測定(1013 hPaで1013 mV出力)と高度測定(100 mで100 mV出力)が可能です．

● 衝撃測定器の製作(11月号，6ページ)

センサを使って衝撃力を測定する装置です．瞬間的な衝撃が保持できるようピーク・ホールド回路を使います．

● 人体検知器の製作(12月号，6ページ)

焦電型赤外線センサを使って人の動きを検出します．人の動きに敏感な周波数帯である0.1～10 Hzををおよそ400倍増幅して動きの信号とし，一定レベルを越えると動きありと判断できます．

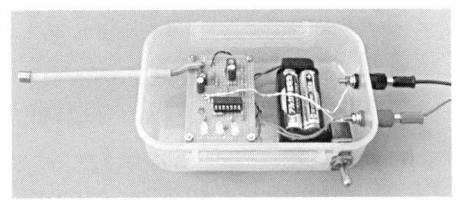

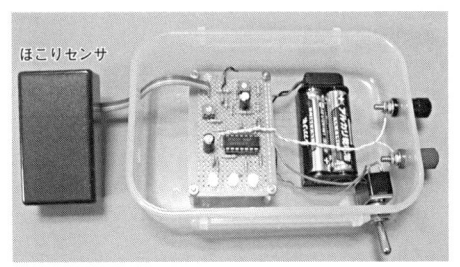

(g) においレベル測定器

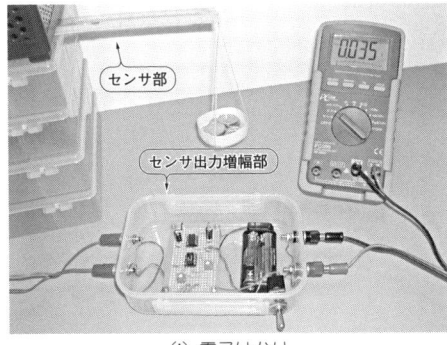

(h) ほこり測定器

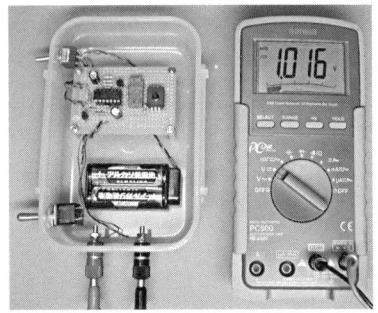

(i) 電子はかり

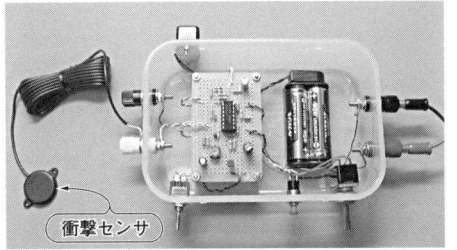

(j) 電子気圧計

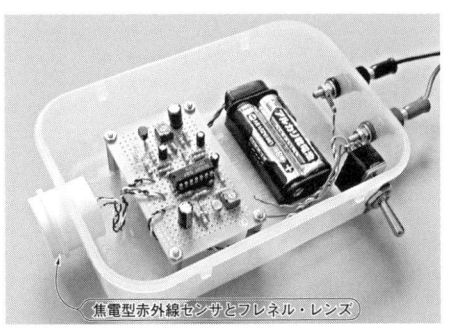

(k) 衝撃測定器

(l) 人体検知器

多機能周波数カウンタの製作

（トランジスタ技術 2005年2月号）　10ページ

　アナログ入力信号の周波数測定とパルス幅測定，方形波パルス出力を装備した測定器です（**写真7**）．R8C/15マイコンのタイマ・カウンタ機能を使っています．周波数測定範囲は10 Hz～30 MHzで8桁，パルス幅は1 μs単位で6桁，パルス出力は10 Hz～6 MHzを24段階で切り替えます．

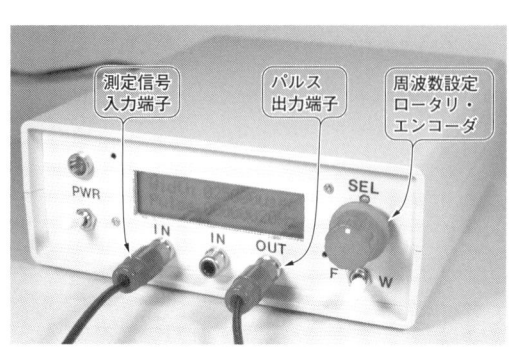

写真7　多機能周波数カウンタ

ゲート・ディップ・メータの製作

（トランジスタ技術 2002年5月号）　6ページ

　LC回路の共振周波数測定器です．もともとは真空管のグリッド電流を計っていたのでグリッド・ディップ・メータと呼ばれています．この製作ではFETを使用しています．ゲート電流を読むのではなく，発振を検波回路で直流にしてメータを動かしています．

R8C/Tinyマイコンで作るデータ・レコーダ

（トランジスタ技術 2005年6月号）　7ページ

　サンプリング周期0.5 ms，分解能10ビット，記録データ数100のデータ・レコーダです．シリアル通信でコマンドを受けて記録が始まります．内蔵RAMに測定したA-D値を保存して，データ取得完了でシリアル出力します．パソコンで受信した数値をファイル化してグラフにします．

パソコンを使った充放電モニタの製作

（トランジスタ技術 2005年8月号）　8ページ

　充電池の充電や放電の様子がパソコンでモニタできるシステムです（**写真8**）．Maxim Integrated Products社の電池容量計測IC DS2751とUSB/1-WireバスインターフェースIC DS2490で実現しています．

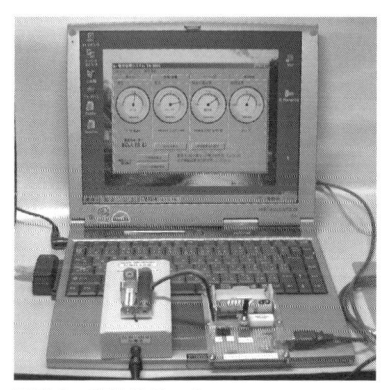

写真8　充放電モニタ

静電容量方式タッチ・センサの製作

（トランジスタ技術 2005年12月号）　8ページ

　PSoCマイコンを使った4チャネル・タッチ・センサの実験です（**写真9**）．静電容量変化による発振周波数の変化をとらえて電極へのタッチを判断します．薄い手袋なら正しく検知できます．

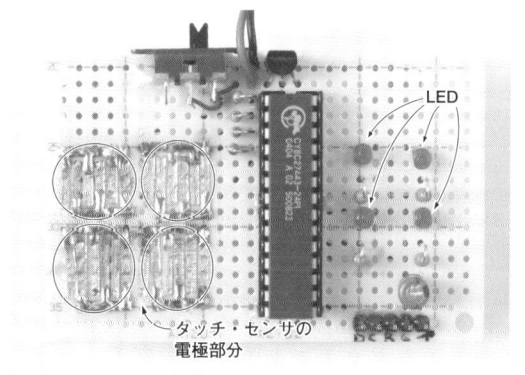

写真9　静電容量方式タッチ・センサ

連載 R8C/15付録マイコン基板活用企画

（トランジスタ技術 2005年7月号～2006年4月号）

全89ページ

トランジスタ技術2005年4月号に付属したR8C/15マイコン基板の活用事例を紹介する連載です．センサを使ってさまざまな計測を行う事例が取り上げられています（**写真10**）．

- リモコンON/OFFタイマの製作
  （2005年7月号，10ページ）

  決められた時刻に機器のON/OFFを可能にするコントローラを製作しています．赤外線通信により，リモコン操作が可能です．赤外線LEDと赤外線受光モジュールを使っています．

- RCサーボ・モータを使ったアナログ温度計の製作（2005年8月号，8ページ）

  ラジコン用サーボモータを用いた指針回転型の温度計です．温度センサはLM35です．サーボモータの位置制御にはPWM出力を使います．また，測定した温度により3色発光LEDの色相を変え，青＝寒～赤＝暖と色の変化で温度を表します．

- 携帯電話を使った監視カメラの製作
  （2005年9月号，8ページ）

  カメラ内蔵の携帯電話で自動撮影を行い，メール送信するシステムです．焦電型赤外線センサで人の動きを検知し，撮影を始めます．

- 正弦波DDSの製作
  （2005年10月号/11月号，8/7ページ）

  高安定度の正弦波発振器です．PWM出力を使ってDDS（Direct Digital Synthesizer）を実現しています．マイコンにバッファICとOPアンプを付加するだけで出来上がります．

- DDS ICを使った低周波発振器の製作
  （2005年12月号，10ページ）

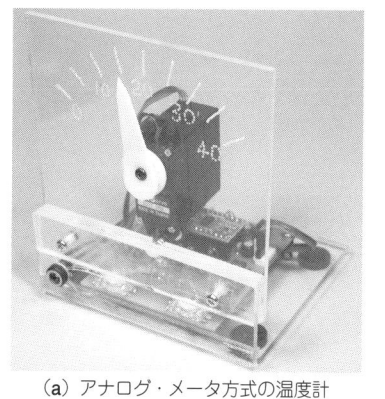

  Analog Devices社のDDS IC AD9834を使った低周波発振器です．10 Hz～300 kHzの安定した正弦波を出力します．周波数の設定にはロータリ・エンコーダを用いています．

- スライディング・モードによる回転角度制御の実験（2006年1月号，10ページ）

  DCモータの正転逆転駆動回路です．回転角度を検出するのに偏芯させた遮光板を用いています．透過光量を二つのフォトインタラプタで読むことでアナログ的に処理します．

- 無線でコントロールできる加速度計の製作
  （2006年2月号，11ページ）

  3軸の加速度や傾きを計測し，無線でデータを送信する加速度計です．スター精密製の3軸加速度センサACB302と野村エンジニアリング特定小電力無線モジュールTS02A-Fを用いています．測定加速度は最大±2gで各軸10ビットの分解能でデータを送ります．

- 小型グラフィック液晶表示器で作る簡易温度計
  （2006年3月号，8ページ）

  サーミスタを使った温度計です．小型モノクロ・グラフィック液晶に，数値表示とともに時間経過による温度変化をグラフで表示します．

- MMCカード用リード/ライト・インターフェースの製作（2006年4月号，9ページ）

  一定期間ごとにA-D値をサンプリングし，MMCカードに記録するデータ・ロガーです．マイコンからMMCカードを読み書きするための制御プログラムやFATファイル・システムについても説明があります．

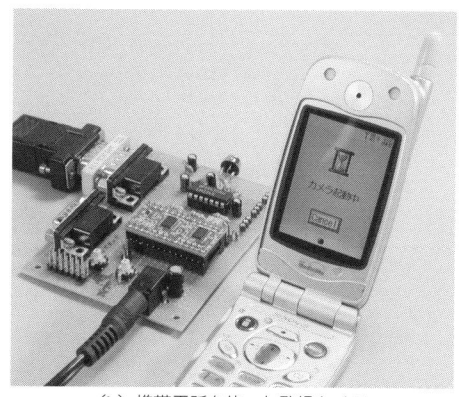

（a）アナログ・メータ方式の温度計　　（b）携帯電話を使った監視カメラ
写真10　R8C/15マイコン基板の応用例

電子コンパス用IC HM55B

(トランジスタ技術 2006年2月号)　5ページ

　日立金属製の磁気方位センサHM55Bを使った電子コンパスです(写真11)．ICに内蔵されたX軸とY軸二つのホール・センサが地磁気を検出し，ディジタル・データとしてX軸Y軸それぞれの磁気強度を出力します．これをR8C/15マイコンで受け，液晶に方位を表示します．

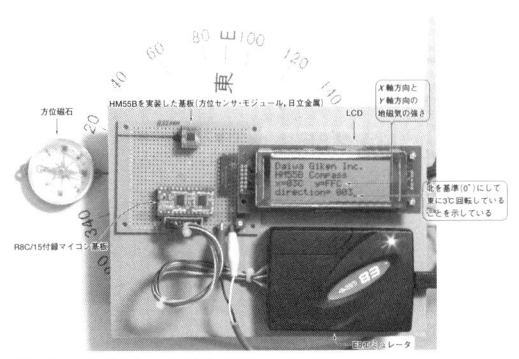

写真11　電子コンパス

アンプ＆検波回路内蔵のワンチップ・マイコンμPD789863/4試用レポート

(トランジスタ技術 2006年2月号)　10ページ

　125 kHzの長波検波回路を内蔵した78K0SシリーズのマイコンμPD789863/4の紹介記事です．アンプのゲイン可変やオフセット調整が内部レジスタの操作で可能です．電波を使ったリモコンや警報装置の制御に利用できます．記事では，温度と圧力を計測し，無線送信する実験を行っています(写真12)．

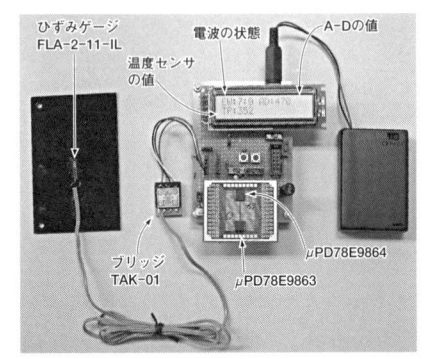

写真12　温度と圧力を計測し，無線送信する実験

テスタの交流電圧の測定範囲が広がるアダプタ

(トランジスタ技術 2006年7月号)　3ページ

　普通のテスタが苦手な1V以下の交流電圧を測定するためのアダプタです．OPアンプで信号を増幅整流して，テスタの直流レンジを使って読み取ります．フルスケール1Vと10Vの2レンジ切り替えにしています．周波数特性も改善されます．006P乾電池で動作します．

出力周波数をマイコンで制御する

(トランジスタ技術 2006年9月号)　7ページ

　最高周波数300 MHzの高純度クロック発生器です(写真13)．Texas Instruments社のプログラマブル・クロック・シンセサイザCDCE706をMSP430マイコンで制御しています．周波数の設定操作はスイッチとロータリ・エンコーダで行い，16文字×2行の液晶に表示します．

DSP＆高性能アナログ搭載 MAXQ3120/2120

(トランジスタ技術 2007年10月号)　10ページ

　Maxim Integrated Products社の16ビット・マイコンMAXQ3120の紹介です．交流の電力測定に特化したような構成の製品です．記事では，電力計測システムを製作し，太陽電池パネルを使ったソーラ門灯の電力を調べています．

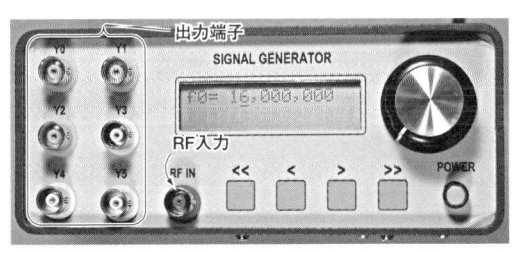

写真13　高純度クロック発生器

ペルチェを使った範囲±50℃，誤差0.01℃以内の恒温槽の製作

（トランジスタ技術 2007年3月号/5月号）

前編7ページ **後編10ページ**

　周囲温度20℃のときに−50℃まで冷やせる恒温槽制御システムです．吸熱量の異なる二つのペルチェ・モジュールを2段にし，水冷ヒートシンクで冷却することで温度差約70℃を実現しています．断熱の方法やペルチェ素子とヒートシンク配置の手法の解説もあります．

ラバー・ヒータを使った温度範囲50℃～150℃の恒温オイル槽の設計と製作

（トランジスタ技術 2007年7月号） **8ページ**

　ラバー・ヒータを使った恒温オイル槽です．トライアックを用いた電力制御回路と，白金測温体を使った温度計測回路でPID制御を行い，50～150℃の範囲で高精度な温度制御を実現しています．温度コントロールにおけるPID制御の要点についても解説があります．

0℃温度校正システムの製作

（トランジスタ技術 2007年9月号） **8ページ**

　温度測定の精度を確保するため使用する，0℃の基準を得る装置です（写真15）．温度センサとして標準白金測温抵抗体を用いています．この抵抗値と比較するのが金属箔標準抵抗器です．回路としての測定系に，周囲温度の変化で影響が出ないよう，温度制御されたミニチュア恒温ボックスを製作し，この中に標準抵抗を含むアナログ回路を入れています．

写真15
氷点槽による温度校正システム

DC～100 kHzの100 Wリニア・アンプの製作

（トランジスタ技術 2007年7月号） **9ページ**

　圧電アクチュエータなどの素子の駆動に利用できる汎用の広帯域パワー・アンプです（写真14）．DC電源電圧±220 Vでスイッチング用パワーMOSFETを駆動します．シミュレーション結果との比較・評価もあります．

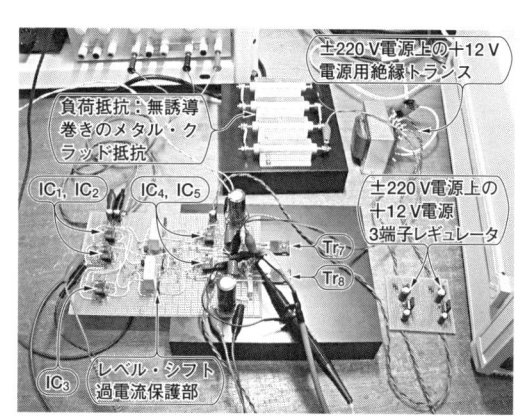

写真14　汎用広帯域パワー・アンプ

「2温度法」を使った基準湿度発生装置の設計と製作

（トランジスタ技術 2008年8月号） **7ページ**

　高精度な湿度の校正のために，温度を変えて湿度を得る2温度法基準湿度発生装置の製作事例です（写真16）．
　飽和水蒸気の圧力あるいは温度の変更によって，任意の湿度の気体を得ることができます．配管でつないだ二つのステンレス容器が飽和槽となり，両面に2個ずつ合計4個のペルチェ・モジュールを取り付けて冷却します．白金測温抵抗体で温度測定を行っています．

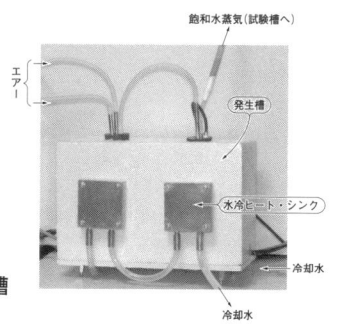

写真16
飽和水蒸気発生槽の外観

SDカード使用の携帯加速度ロガー

(トランジスタ技術 2007年12月号) **11ページ**

　3軸加速度センサのデータをSDカードに記録するデータ・ロガーです(**写真17**)．ICは，MSP430マイコンとセンサだけです．コイン型リチウム電池で1日以上使えます．パソコンでデータを読めるようにFATシステムを実装しています．

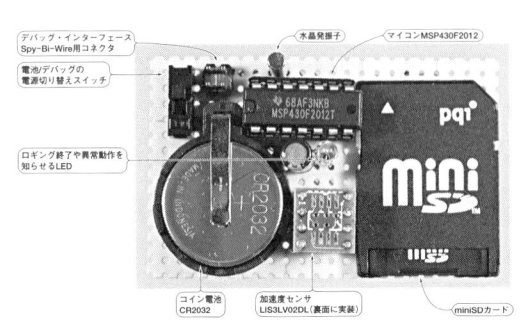

写真17　携帯加速度ロガー

±90°±0.5°，応答2秒の1軸傾斜計

(トランジスタ技術 2007年12月号) **11ページ**

　サンハヤトの加速度センサ・モジュールMM-2860を使った傾斜計です(**写真18**)．3軸加速度センサMMA7260Q(Freescale Semiconductor社)と3.3V出力のレギュレータICが28ピンDIPサイズの基板に搭載されたモジュールです．加速度アナログ信号を16ピンのマイコンMC9S08QG8でA-D変換し，加速度から傾斜角を計算します．単4型電池2本で動作します．

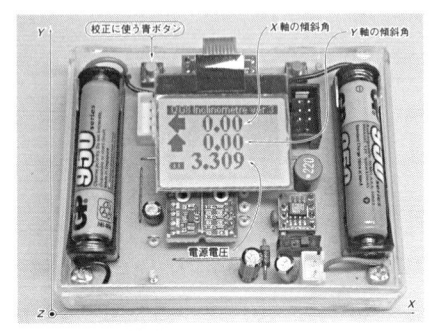

写真18　傾斜計

OPアンプを2個内蔵するMSP430F2274

(トランジスタ技術 2008年4月号) **8ページ**

　Texas Instruments社のMSP430F2274の紹介記事です．赤外線LEDと赤外線検出器を組み合わせて煙センサを製作しています(**写真19**)．MSP430F2274には二つのOPアンプが内蔵されており，これを活用しています．

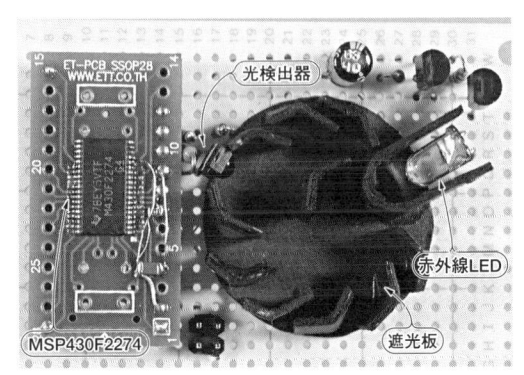

写真19　煙センサ

3軸加速度センサMMA7260Q

(トランジスタ技術 2006年1月号) **4ページ**

　Freescale Semiconductor社の3軸加速度センサMMA7260Qの紹介記事です．傾斜計を製作しています．R8C/15マイコンにつないでmV単位の出力電圧と傾斜角度に換算した値をシリアル出力します．センサの三つの出力をそれぞれマイコンのアナログ入力端子につないでA-D変換しています．

PSoCで作るLED表示のワンチップ温度計

(トランジスタ技術 2008年4月号) **7ページ**

　PSoCマイコンのスタータ・キットCY3270に搭載されたサーミスタを使い，温度計を製作しています．マイコンの内蔵ブロックの使い方の解説もあります．A-D変換した値から温度を得るルックアップ・テーブルの作成では，開発ツールが持つ機能を使います．

ラジオ時報で時刻を校正する高精度ディジタル時計の製作

(トランジスタ技術 2008年7月号) 9ページ

　NHKの中波ラジオで放送される時報音で時刻合わせを行う時計です(写真20)．PSoCマイコンのSC(Switched Capacitor)フィルタで時報音を検出します．時刻は16文字×2行の液晶に表示します．

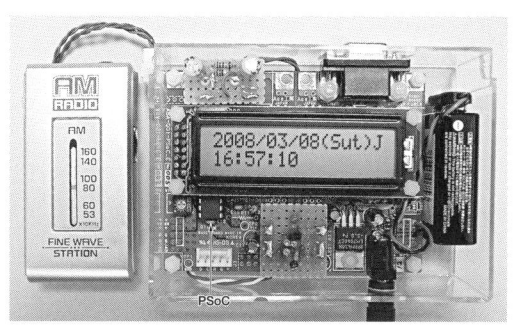

写真20　ラジオ時報で時刻を校正する高精度ディジタル時計

8パラAVRでA-D変換するUSBオシロスコープ

(トランジスタ技術 2009年1月号) 8ページ

　$2\,\mu s$のサンプリング周期のUSBオシロスコープです(図1)．8個のマイコンを並べ，A-D変換をサイクリックに行うことで変換速度を上げています．容量の大きなSRAMを内蔵したAVRマイコンATmega644Pを使用しています．通信などの制御用とタイミング発生用にもそれぞれAVRマイコンを使っています．

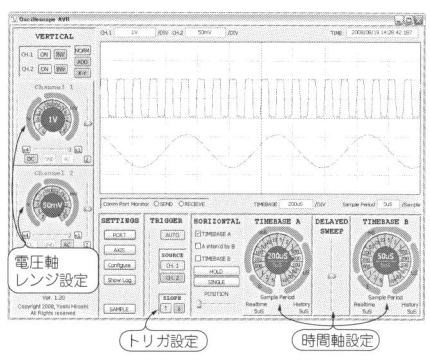

図1　USBオシロスコープの画面

温度/湿度計測システムの設計と製作

(トランジスタ技術 2009年3月号) 8ページ

　マルチチャネル温度/湿度計測システムです(写真21)．温度と湿度を測定するセンサ部の出力はアナログ電圧です．温度センサはサーミスタで，抵抗を使ったリニアライズを行います．湿度センサは電気容量変化型で，マルチバイブレータ発振回路のデューティ変化を電圧値としてとらえます．

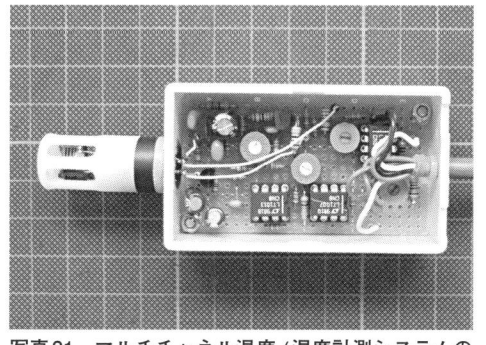

写真21　マルチチャネル温度/湿度計測システムのセンサ部

AVRマイコンで作るロジック・スコープ

(トランジスタ技術 2009年8月号) 7ページ

　設定したサンプル間隔で8ビットのディジタル信号を蓄積するUSBロジック・スコープです(写真22)．AVRマイコンAtmega644Pを使っています．150nsから1msまで13段階でクロックを選べます．パソコンとの通信は市販のUSB-シリアル変換モジュールを使っています．電源もUSBから供給しています．

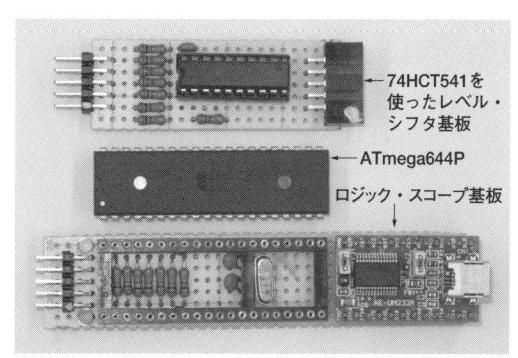

写真22　ロジック・スコープ

PSoCを使った簡易恒温槽の製作

(トランジスタ技術 2009年9月号)　6ページ

　小型のオーブン・トースタをクーラ・ボックスに入れ，ヒータのON/OFF制御で恒温槽を実現しています(写真23)．氷点下は周囲に詰め込んだドライアイスの量で制御し，低温側の試験を先に済ませます．0℃以上はヒータの通電で一定温度を保ちます．LM35DZで温度を検出し，PSoCマイコンで制御しています．

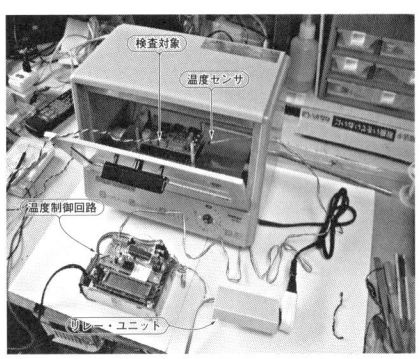

写真23　簡易恒温槽

RS-485の通信方向自動検出回路の製作

(トランジスタ技術 2009年11月号)　6ページ

　RS-485を使った双方向通信ラインで，信号を送信側と受信側に振り分けて，通信がどのように行われているかを確認するためのアダプタです(写真24)．通信ラインに入れた抵抗に生じるレベル差を見て，通信方向の検出を行います．通信方向を分離した後は，送受別々のRS-232信号になります．

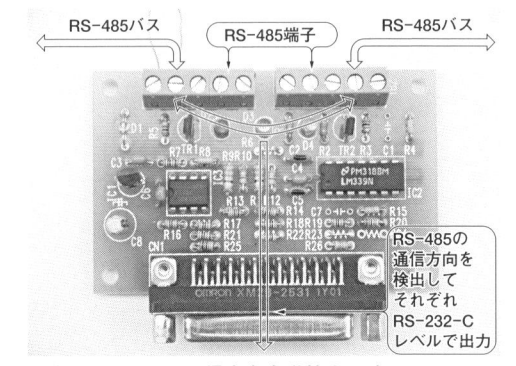

写真24　RS-485通信方向自動検出回路

ゲイン/位相/インピーダンス周波数特性測定器の製作

(トランジスタ技術 2010年1月号)　11ページ

　測定結果をパソコンの画面に表示する周波数特性測定器です(写真25)．Freescale Semiconductor社のMC9S08JS8と，Analog Devices社のインピーダンス・ディジタル・コンバータAD5933で実現しています．

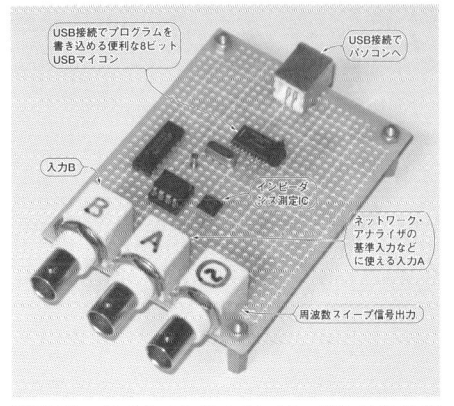

写真25　ゲイン/位相/インピーダンスの周波数特性測定器

高感度磁気センサとコイルで作る磁場キャンセラ

(トランジスタ技術 2010年2月号)　10ページ

　地磁気を測定し，磁気ノイズをキャンセルする装置の製作事例です(写真26)．3軸の磁場を測定し，3軸のコイルに電流を流すことで磁場をキャンセルします．高感度な磁気センサである磁気インピーダンス(MI：Magneto-Impedance)・センサ・モジュールを使っています．

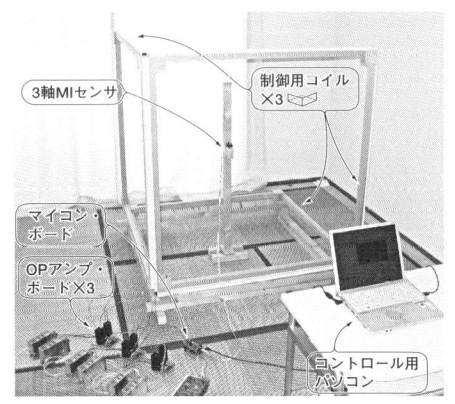

写真26　磁場キャンセラ

連載 無駄減らし効果が目に見える三つの消費電力メータ

（トランジスタ技術 2010年10月号/11月号）

全32ページ

● 切り忘れを監視するテーブル・タップ用
（10月号，11ページ）

　テーブル・タップの途中に埋め込める電力計です（**写真27**）．測定した消費電力により2色LEDを点滅，点灯させて，電力の使用状態を表示します．設定より大きくなりすぎた時は警報ブザーを鳴らします．

● 0.1 W精度で測れる液晶ディスプレイ付き電力メータ（11月号，10ページ）

　0.1～1500 Wを測定できる高精度の電力計です（**写真28**）．AC100 Vを抵抗分圧して電圧を入力し，カレント・トランスで電流を入力して電力を算出します．

● 無線で飛ばしてロギングする大電力測定型
（12月号，11ページ）

　無線モジュールを用いて，測定値を別のマイコンやパソコンで受け取れるようにした電力計です（**写真29**，**図2**）．

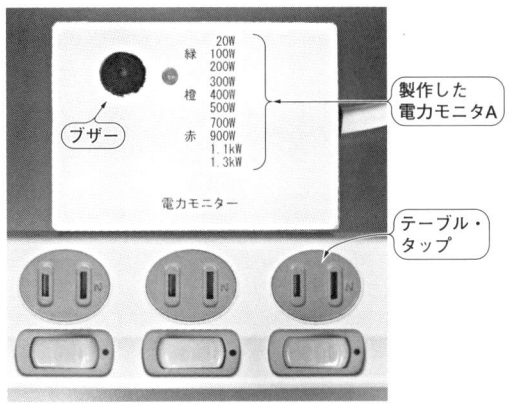

写真27　テーブル・タップ用電力計

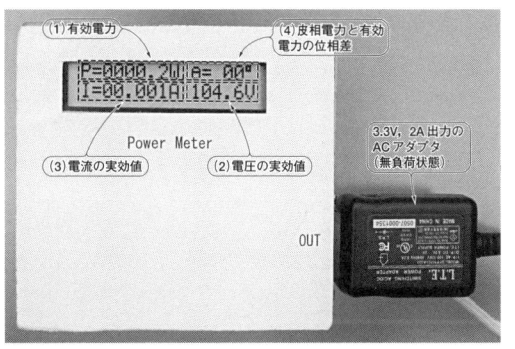

写真28　高精度の電力計

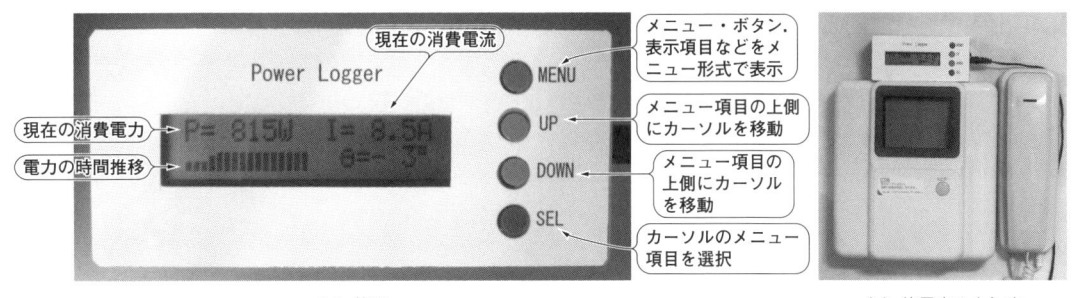

(a) 外観　　(b) 使用中のようす

写真29　無線送信可能な電力計

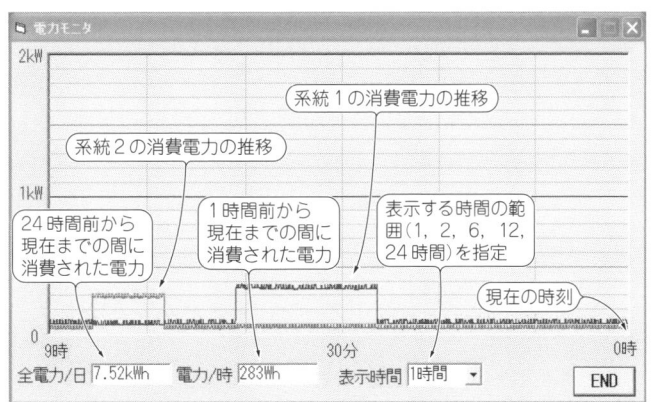

図2　パソコンで消費電力をモニタしているところ

第10章　通　信

インターフェースICからネットワークを利用するアプリケーションまで
下間 憲行

　ここでは，有線，無線に関わらず通信関連の記事をまとめています（**表1**）．

　有線通信としては，USBやEthernetのほか，古くからのEIA-232やEIA-574などのシリアル通信，GP-IBなどのパラレル転送があります．また，パソコン内のバスであるPCIインターフェースに関するものもここに含めています．

　無線通信は，各種規格に対応するさまざまなモジュールを使って実現しています．

　通信そのもの解説だけでなく，実際に何かを測定したり制御するときに用いるパソコン-装置間のデータ通信手法が良い例題になります．ネットワークを経由しての計測や制御では，Webブラウザを使って操作する記事が多くなっています．

表1　通信に関する記事の一覧（複数に分類される記事は，他の章で概要を紹介している場合がある）

記事タイトル	掲載号	ページ数	PDFファイル名
10 Mbps赤外線LANの製作	トランジスタ技術 2001年1月号	7	2001_01_272.pdf
超シンプルなGP-IB/シリアル変換アダプタの製作	トランジスタ技術 2001年2月号	9	2001_02_321.pdf
パソコンによる自動ビデオ信号切り替え器の製作	トランジスタ技術 2001年5月号	10	2001_05_303.pdf
気象観測ボードの製作とネットワーク対応システムの構築	トランジスタ技術 2001年6月号	10	2001_06_261.pdf
USB-シリアルI/F LSI MU232SC1	トランジスタ技術 2001年7月号	8	2001_07_302.pdf
ZEN7201AFによるシンプルなパラレルI/Oボード	トランジスタ技術 2001年12月号	18	2001_12_144.pdf
PCI9080評価ボードによるパラレルI/Oボード	トランジスタ技術 2001年12月号	11	2001_12_162.pdf
LS6201B評価ボードによるストリームA-Dコンバータ	トランジスタ技術 2001年12月号	13	2001_12_173.pdf
四つ折り携帯キーボード用ザウルス接続アダプタfor Elの製作	トランジスタ技術 2002年3月号	11	2002_03_285.pdf
ネットワーク電光掲示板の製作	トランジスタ技術 2002年8月号	10	2002_08_208.pdf
無線データ通信の実験（前編）	トランジスタ技術 2002年11月号	6	2002_11_111.pdf
お手軽GP-IBバス・モニタ&EIA-574ケーブル・モニタの製作	トランジスタ技術 2002年11月号	6	2002_11_181.pdf
無線データ通信の実験（後編）	トランジスタ技術 2002年12月号	6	2002_12_117.pdf
USB重力マウスの試作	トランジスタ技術 2003年3月号	6	2003_03_155.pdf
FT2232Cを使ったUSB-シリアル・ライン・モニタの製作	トランジスタ技術 2005年1月号	6	2005_01_166.pdf
リモコンON/OFFタイマの製作	トランジスタ技術 2005年7月号	10	2005_07_256.pdf
R8C/11を使ったEIA-232ライン・モニタの製作	トランジスタ技術 2005年9月号	6	2005_09_233.pdf
携帯電話を使った監視カメラの製作	トランジスタ技術 2005年9月号	8	2005_09_239.pdf
Excelで制御する簡単GPIBアダプタの製作	トランジスタ技術 2005年10月号	5	2005_10_209.pdf
無線でコントロールできる加速度計の製作	トランジスタ技術 2006年2月号	11	2006_02_248.pdf
アンプ&検波回路内蔵のワンチップ・マイコン μPD789863/4試用レポート	トランジスタ技術 2006年2月号	10	2006_02_259.pdf
イーサネット計測基板の製作	トランジスタ技術 2006年3月号	12	2006_03_174.pdf
MSP430マイコン用簡易書き込みアダプタの製作	トランジスタ技術 2006年3月号	3	2006_03_270.pdf
USB-SPI変換IC MAX3420E	トランジスタ技術 2006年6月号	5	2006_06_183.pdf

記事タイトル	掲載号	ページ数	PDFファイル名
イーサネット・コントローラENC28J60で作る「WEB制御ACコンセント」	トランジスタ技術 2006年11月号	7	2006_11_208.pd
微弱電波受信IC MAX7042	トランジスタ技術 2007年5月号	7	2007_05_233.pdf
プログラミング不要のイーサネットIC IPSAGP100-3L	トランジスタ技術 2007年6月号	14	2007_06_200.pdf
LANケーブル・チェッカの製作	トランジスタ技術 2007年8月号	6	2007_08_212.pdf
18ビット・ワンチップA-DコンバータMCP3421	トランジスタ技術 2007年11月号	6	2007_11_176.pdf
USBホスト・コントローラVNC1L	トランジスタ技術 2007年12月号	7	2007_12_178.pdf
超低コストUSB I/Oアダプタの製作	トランジスタ技術 2007年12月号	10	2007_12_193.pdf
シリアル版＆USB版のMSP430用JTAG書き込み器	トランジスタ技術 2007年12月号	10	2007_12_203.pdf
ノートPCを使った簡易ナビゲーションの製作	トランジスタ技術 2008年2月号	6	2008_02_157.pdf
無線で調光！高輝度LED電気スタンド	トランジスタ技術 2008年2月号	8	2008_02_217.pdf
PSoCで作るパソコン表示のワンチップ照度計	トランジスタ技術 2008年5月号	6	2008_05_214.pdf
ワンチップの無線送受信IC TRC101	トランジスタ技術 2008年6月号	9	2008_06_247.pdf
AVRマイコンと電波時計を使ったSNTPサーバの製作	トランジスタ技術 2009年1月号	6	2009_01_255.pdf
無線LAN変換器WiPortによる電子メール受信チェッカの製作	トランジスタ技術 2009年5月号	8	2009_05_233.pdf
ネットワーク対応！簡易赤外線サーモグラフィの製作	トランジスタ技術 2009年12月号	11	2009_12_197.pdf
パソコンで簡単I/Oパカパカ装置の製作	トランジスタ技術 2010年1月号	7	2010_01_139.pdf
文字を音声で読みあげるUSB点字キーボード	トランジスタ技術 2010年3月号	13	2010_03_175.pdf
USBに挿すだけ！ブートローダ内蔵ARMマイコン AT91SAM 7 X256	トランジスタ技術 2010年3月号	9	2010_03_201.pdf
無線で飛ばしてロギングする大電力測定型	トランジスタ技術 2010年12月号	11	2010_12_217.pdf

10 Mbps赤外線LANの製作

（トランジスタ技術 2001年1月号） 7ページ

　赤外線を使った無線LANの実験です．屋外での通信距離約30 mを目指します．高出力赤外線LEDで送信，フォトICで受信します（**写真1**）．LEDの光出力と受光素子感度，そしてレンズの大きさから通信距離を推定するいう光学系の設計方法と，受発光部を保持する機構への工夫が参考になるでしょう．

写真1　赤外線LANの送受信部

パソコンによる自動ビデオ信号切り替え器の製作

（トランジスタ技術 2001年5月号） 10ページ

　映像の自動編集のために，設定に従ってビデオ・レコーダの制御を行う装置です（**図1**）．パソコンのプリンタ・ポートを使って回路を制御します．出力はリレー接点とオープン・コレクタ信号です．Windowsで動く「Hot Soup Processor (HSP)」というインタプリタ言語（フリー・ソフトウェア）が使われています．

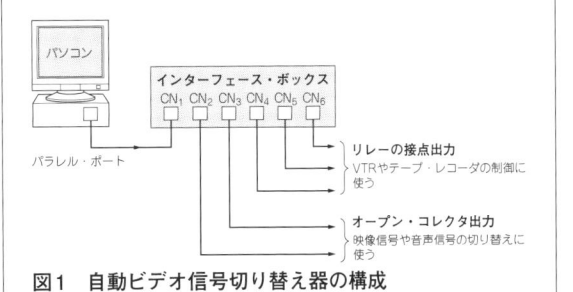

図1　自動ビデオ信号切り替え器の構成

超シンプルな GP-IB/シリアル変換アダプタの製作

（トランジスタ技術 2001年2月号） 9ページ

　GP-IBで出力する波形データを38.4 kbpsのシリアル・データに変換します．スペアナが出すデータを受け取るためだけの装置として動作します．使用しているマイコンはシリアル通信ポートを装備していないので，ソフトウェアでシリアル変換を処理しています．パソコンでは受け取った測定波形データを画面表示します．

USB-シリアルI/F LSI MU232SC1

（トランジスタ技術 2001年7月号） 8ページ

　一つのUSBポートで4チャネルのシリアル・ポートをインターフェース可能なMU232SC1（丸文）の試用記事です．Z80互換のCPUコアが載っていて，外部ROMに制御ファームウェアを書き込みます．Windows用のUSB仮想通信ポート・ドライバは無償で入手できます．

LS6201B評価ボードによる ストリームA-Dコンバータ

（トランジスタ技術 2001年12月号） 13ページ

　LSIシステムズ（現在はアイベックステクノロジー）のPCIインターフェースIC LS6201Bの評価キットにA-Dコンバータを実装し，簡単なWindowsアプリケーションから制御しています．

四つ折り携帯キーボード用 ザウルス接続アダプタfor E1の製作

（トランジスタ技術 2002年3月号） 11ページ

　シャープのPDA（ザウルス）に折り畳み式携帯キーボードをつなごうという試みです．外部信号接続ケーブルのコネクタ内に信号変換回路を組み込んでいます．

ZEN7201AFによる シンプルなパラレルI/Oボード

（トランジスタ技術 2001年12月号） 18ページ

　ジーニックのPCIインターフェースIC ZEN7201AFを使ったパラレルI/Oボードです．フォトカプラで絶縁した入力ポートと出力ポートが各8点，2相パルス・アップ・ダウン・カウンタ入力が1点です．

PCI9080評価ボードによる パラレルI/Oボード

（トランジスタ技術 2001年12月号） 11ページ

　PLX Technology社のPCIインターフェースIC PCI9080の評価ボードを利用して，PCI学習用ボードを設計しています．8入力8出力(TTLレベル)のパラレルI/Oボードです．

ネットワーク電光掲示板の製作

（トランジスタ技術 2002年8月号） 10ページ

　電子メールやWebページからのアクセスで表示する文字を設定できる電光掲示板です（写真2）．Linux搭載のボード・マイコンL-Card + 16Mでネットワーク環境を作り，若松通商のLEDコントローラ・キットWAKA－LEDCで表示しています．

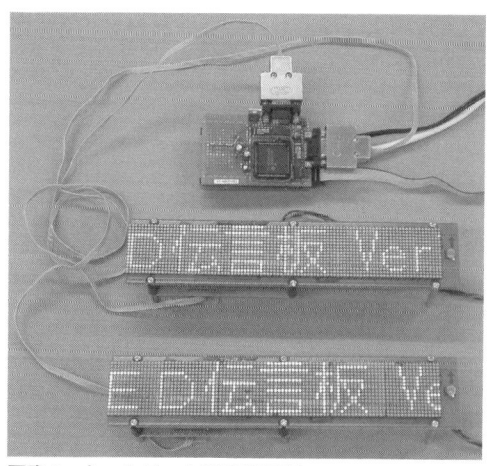

写真2　ネットワーク電光掲示板

無線データ通信の実験

(トランジスタ技術 2002年11月号/12月号)

前編6ページ **後編6ページ**

Micrel社のMICRF102(送信用)とMICRF011(受信用)を使い，データ通信用の送信機と受信機を製作しています．受信側の局部発振周波数が掃引されるSWEEPモードでの到達距離はおよそ数mで，300〜2400 bpsのデータ通信が可能でした．

FT2232Cを使った USB-シリアル・ライン・モニタの製作

(トランジスタ技術 2005年1月号) **6ページ**

FTDI(Future Technology Devices International)社のUSBインターフェースIC FT2232Cを用いたシリアル通信モニタです(**写真3**)．TXDとRXDを，FT2232CのRXDAとRXDBに入れ，二つの受信データを得て，パソコンの画面に表示します．

お手軽GP-IBバス・モニタ＆ EIA-574ケーブル・モニタの製作

(トランジスタ技術 2002年11月号) **6ページ**

GP-IBバス・モニタは，信号線の状態のLED表示と，信号線を制御してステップ実行する機能があります．EIA-574ケーブル・モニタは，信号レベルのLED表示と，ストレート/クロス接続をジャンパ・ピンで設定する機能があります．

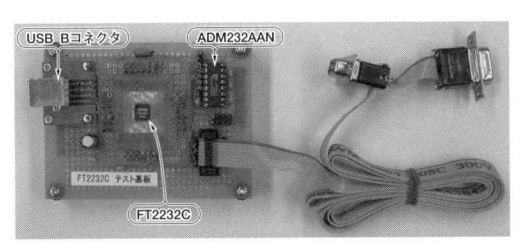

写真3 USB-シリアル・ライン・モニタ

R8C/11を使った EIA-232ライン・モニタの製作

(トランジスタ技術 2005年9月号) **6ページ**

R8C/11ボードを使ったEIA-232通信のモニタ装置の製作です(**写真4**)．TXD/RXD信号を取り込んで20文字×4行の液晶に電文を表示します．受信バッファは送受合わせて640バイト．装置の電源をEIA-232制御ラインから給電する方法の解説もあります．

イーサネット計測基板の製作

(トランジスタ技術 2006年3月号) **12ページ**

Realtek Semiconductor社のEthernetコントローラRTL8019ASをR8C/11マイコンのI/Oポートで制御します．マイコンのA-Dコンバータに温度センサLM35を二つ接続し，要求があればそのデータを送り返す計測基板を製作しています(**写真5**)．

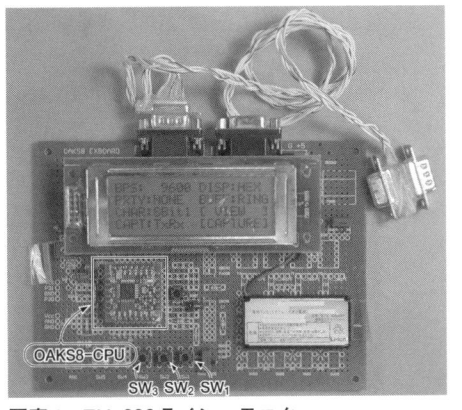

写真4 EIA-232ライン・モニタ

写真5 イーサネット計測基板

MSP430マイコン用簡易書き込みアダプタの製作

（トランジスタ技術 2006年3月号）　3ページ

　Silicon Laboratories社のUSB-シリアル・インターフェースIC CP2102を使った，MSP430マイコン用簡易書き込みアダプタです（**写真6**）．BSL（Bootstrap Loader）という方法で，MSP430マイコンの内蔵フラッシュ・メモリを書き込みます．

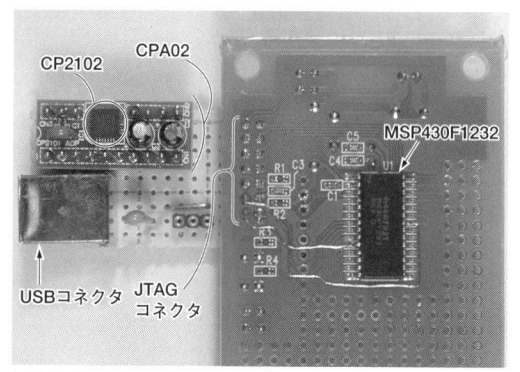

写真6　MSP430マイコン用簡易書き込みアダプタ

イーサネット・コントローラ ENC28J60で作る「WEB制御ACコンセント」

（トランジスタ技術 2006年11月号）　7ページ

　Microchip Technology社のEthernetコントローラENC28J60とAVRマイコンを使ったWeb制御ACコンセントの製作です（**写真7**）．二つのコンセントをWebブラウザで操作できます．マイコンとEthernetコントローラはSPIで接続しています．

写真7　WEB制御ACコンセント

LANケーブル・チェッカの製作

（トランジスタ技術 2007年8月号）　6ページ

　コネクタにLANケーブルをつないで検査ボタンを押すと，ブザーとLEDで異常を知らせてくれるツールです（**写真8**）．ExORゲートを使って信号の不一致を検出し，ケーブルの断線，短絡，入れ替わりを検査する回路で実現しています．ロジックICだけでタイミングを作っています．

写真8　LANケーブル・チェッカ

Excelで制御する簡単GPIBアダプタの製作

（トランジスタ技術 2005年10月号）　5ページ

　パソコンのパラレル・ポートをGPIBのハンドシェークに参加させ，データをやりとりします．制御は全てExcelのVBAで行います．しかしVBAにはI/Oを制御するコマンドはありません．そこでDLLを介在してポートの制御を行います．

USB-SPI変換IC MAX3420E

（トランジスタ技術 2006年6月号）　5ページ

　Maxim Integrated Products社のUSB-SPI（Serial Peripheral Interface）変換IC MAX3420Eの解説です．SPIはSCK，MISO，MOSIの3線で制御するシリアル通信で，データの入出力が分離できるのでI²Cに比べて高速なやりとりが可能です．このICとMSP430マイコンをつないだ使用例を紹介しています．

18ビット・ワンチップ A-Dコンバータ MCP3421

(トランジスタ技術 2007年11月号) 6ページ

　Maxim Integrated Products社の18ビットのデルタ・シグマ型A-DコンバータMCP3421の解説記事です．MCP3421に温度センサを接続し，パソコンのシリアル・ポートにある三つの制御線(RTS，CTS，DTR)を使ってA-D値を読み出す実験を行っています(写真9)．

写真9　MCP3421を使った温度計

プログラミング不要の イーサネットIC IPSAGP100-3L

(トランジスタ技術 2007年6月号) 14ページ

　TCP/IPやTelnet機能などがハードウェアとして搭載されたLSI IPSAGP100-3L(アイピースクエア)の解説記事です．インターネットを通してハードウェアをリモート制御することが可能です．

USBホスト・コントローラ VNC1L

(トランジスタ技術 2007年12月号) 7ページ

　FTDI社のUSBホスト・コントローラVNC1Lを使ってMP3プレーヤを製作しています．USBメモリをシリアル通信で制御できます．今回の製作では制御用のマイコンは搭載せず，パソコンのシリアル・ポートからのコマンド入力でVNC1Lを制御しています．MP3のデコーダはVLSI社のVS1003を使っています．

超低コスト USB I/Oアダプタの製作

(トランジスタ技術 2007年12月号) 10ページ

　AVRマイコンをUSBコントローラとして活用する方法の解説です．温度を計って(USBで入力)ファンをON/OFF(USBで出力)するコントローラを製作しています(写真10)．

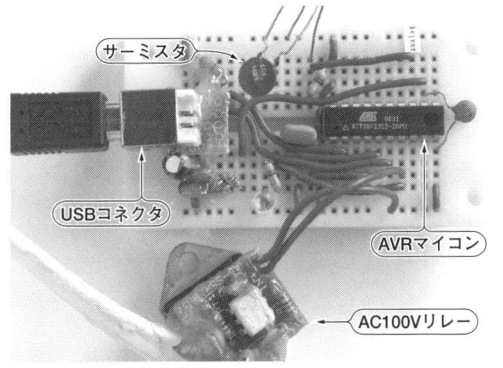

写真10　USB I/Oアダプタによるリレーの制御

ノートPCを使った 簡易ナビゲーションの製作

(トランジスタ技術 2008年2月号) 6ページ

　GPS受信モジュールを使い，ノート・パソコンで動作する地図ソフトウェアにカー・ナビゲーション機能を追加した事例です(写真11)．GPSモジュールは，シリアル入出力信号をレベル変換してパソコンのシリアル・ポートにつなぎます．NMEA-0183という電文フォーマットで位置情報がやりとりされます．

写真11　ノートPCを使った簡易ナビゲーション

無線で調光！高輝度LED電気スタンド

（トランジスタ技術 2008年2月号） 8ページ

　Cypress Semiconductor社の2.4GHz帯の無線トランシーバCY3630MとPSoCマイコンを組み合わせて，LED照明を無線で調光した事例です（写真12）．UARTやSPIを使うのと同じ感覚で双方向の無線通信ができます．PSoCマイコンのアナログ・ブロックを使ってLED駆動のための昇圧回路を定電流動作させています．

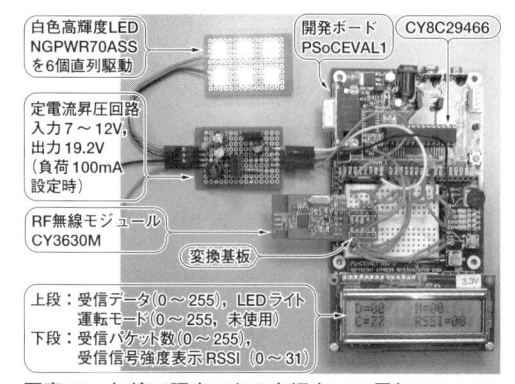

写真12　無線で調光できる高輝度LED電気スタンド

AVRマイコンと電波時計を使ったSNTPサーバの製作

（トランジスタ技術 2009年1月号） 6ページ

　AVRマイコンとMicrochip Technology社のEthernetコントローラENC28J60/SPを使って，ネットワーク上で時刻補正を行うためのSNTPサーバを製作しています（写真13）．時刻データの取得には市販の電波時計を用いています．

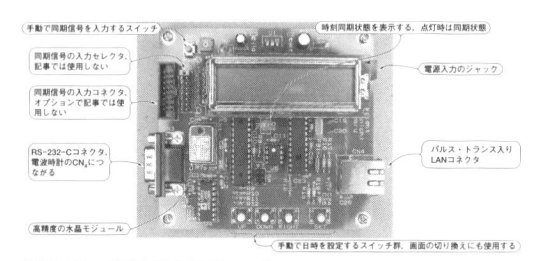

写真13　簡易SNTPサーバ

無線LAN変換器WiPortによる電子メール受信チェッカの製作

（トランジスタ技術 2009年5月号） 8ページ

　Lantronix社の無線LANモジュールWiPortを使った電子メールの受信数表示器です（写真14）．R8C/29マイコンで制御します．POP3サーバに保存されている受信メール数の増大を見て着信があったと判断し，20文字×4行の液晶にメールの保存数を表示します．

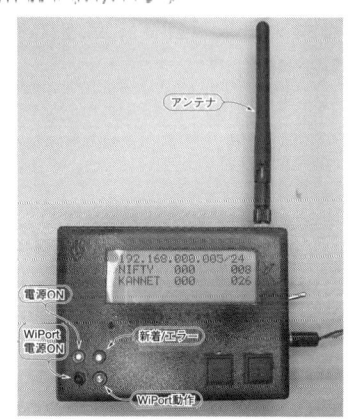

写真14　電子メール受信チェッカ

ネットワーク対応！簡易赤外線サーモグラフィの製作

（トランジスタ技術 2009年12月号） 11ページ

　4個の赤外線温度センサとCMOSカメラ・モジュールを組み合わせて画像と温度をパソコンの画面に表示する装置です（写真15）．STM32F103プロセッサを使用し，I²Cポートで温度センサとカメラをつないでいます．EthernetコントローラはMicrochip Technology社のENC28J60です．

写真15　簡易赤外線サーモグラフィ

シリアル版＆USB版の MSP430用JTAG書き込み器

（トランジスタ技術 2007年12月号） 10ページ

MSP430マイコンをJTAG（Joint Test Action Group）で書き込むツールです．R8C/15マイコン基板を使って書き込み制御するものと，汎用USBシリアル変換チップFT232RL（FTDI社）を使ったものの2種類を製作しています．

PSoCで作る パソコン表示のワンチップ照度計

（トランジスタ技術 2008年5月号） 6ページ

PSoCマイコンのスタータ・キットに搭載された光センサを使って照度計を製作しています．得た照度はUSBを通じてパソコンに出力します．PSoCの内蔵ブロックの使い方や開発ツールの操作の説明もあります．

パソコンで簡単I/O パカパカ装置の製作

（トランジスタ技術 2010年1月号） 7ページ

78K0マイコン基板付きで，17チャネル・ディジタル入力＋17チャネル・ディジタル出力のI/O回路と，12チャネル・ディジタル入出力＋2チャネル・アナログ入力＋4チャネル・アナログ出力の回路を製作しています（写真16）．

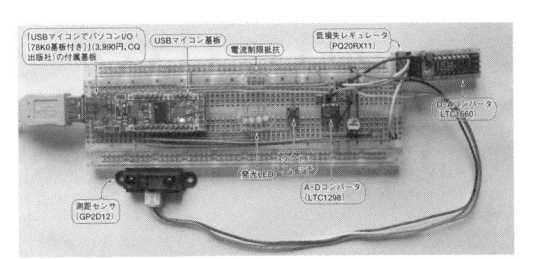

写真16　簡単I/Oパカパカ装置

文字を音声で読みあげる USB点字キーボード

（トランジスタ技術 2010年3月号） 13ページ

USBインターフェースの点字キーボードです（写真17）．USB機能付きのマイコンAT90USB647を使用しています．音声の記録には2Mバイトのシリアル・フラッシュ・メモリを使用し，PWMで音声を再生します．

写真17　USB点字キーボード

ワンチップの無線送受信IC TRC101

（トランジスタ技術 2008年6月号） 9ページ

RF Monolithics社のワンチップ無線IC TRC101による315MHz帯の微弱電波を使ったトランシーバです．マイコンのSPIインターフェースで送信電力や周波数，データ・レート，ベース・バンド帯域幅などの動作パラメータを設定します．

USBに挿すだけ！ ブートローダ内蔵ARMマイコン AT91SAM7X256

（トランジスタ技術 2010年3月号） 9ページ

ARMコアのマイコンAT91SAM7X256の試用記事です．このマイコンを使って，USB経由でPCと通信するデータ・ロガーを製作しています．

- ●本書記載の社名，製品名について ── 本書に記載されている社名および製品名は，一般に開発メーカーの登録商標または商標です．なお，本文中では™，®，©の各表示を明記していません．
- ●本書掲載記事の利用についてのご注意 ── 本書掲載記事は著作権法により保護され，また産業財産権が確立されている場合があります．したがって，記事として掲載された技術情報をもとに製品化をするには，著作権者および産業財産権者の許可が必要です．また，掲載された技術情報を利用することにより発生した損害などに関して，CQ出版社および著作権者ならびに産業財産権者は責任を負いかねますのでご了承ください．
- ●本書付属のCD-ROMについてのご注意 ── 本書付属のCD-ROMに収録したプログラムやデータなどは著作権法により保護されています．したがって，特別の表記がない限り，本書付属のCD-ROMの貸与または改変，個人で使用する場合を除いて複写複製（コピー）はできません．また，本書付属のCD-ROMに収録したプログラムやデータなどを利用することにより発生した損害などに関して，CQ出版社および著作権者は責任を負いかねますのでご了承ください．
- ●本書に関するご質問について ── 文章，数式などの記述上の不明点についてのご質問は，必ず往復はがきか返信用封筒を同封した封書でお願いいたします．勝手ながら，電話でのお問い合わせには応じかねます．ご質問は著者に回送し直接回答していただきますので，多少時間がかかります．また，本書の記載範囲を越えるご質問には応じられませんので，ご了承ください．
- ●本書の複製等について ── 本書のコピー，スキャン，デジタル化等の無断複製は著作権法上での例外を除き禁じられています．本書を代行業者等の第三者に依頼してスキャンやデジタル化することは，たとえ個人や家庭内の利用でも認められておりません．

JCOPY 〈（社）出版者著作権管理機構委託出版物〉

本書の全部または一部を無断で複写複製（コピー）することは，著作権法上での例外を除き，禁じられています．本書からの複製を希望される場合は，出版者著作権管理機構（TEL：03-3513-6969）にご連絡ください．

CD-ROM 付き

本書に付属のCD-ROMは，図書館およびそれに準ずる施設において，館外へ貸し出すことはできません．

ウィークエンド電子工作記事全集 [1700頁収録CD-ROM付き]

編　集	トランジスタ技術編集部	2014年8月1日　初版発行
発行人	寺前 裕司	2014年11月1日　第2版発行
発行所	CQ出版株式会社	©CQ出版株式会社 2014
	〒170-8461　東京都豊島区巣鴨1-14-2	（無断転載を禁じます）
電　話	編集 03-5395-2123	定価は裏表紙に表示してあります
	販売 03-5395-2141	乱丁，落丁本はお取り替えします
振　替	00100-7-10665	編集担当者　西野 直樹
		DTP・印刷・製本　三晃印刷株式会社
		表紙・扉・目次デザイン　近藤企画　近藤 久博

ISBN978-4-7898-4566-3

Printed in Japan